中华人民共和国工业和信息化部批准

电子建设工程预算定额

HYD 41–2015

第一册

计算机及网络系统工程
综合布线系统工程
安全防范系统工程
道路交通、停车场系统工程
自动售检票系统工程
住宅小区管理系统工程
建筑设备自动化系统工程

中国计划出版社

图书在版编目(CIP)数据

电子建设工程预算定额:HYD 41-2015. 第1册,计算机及网络系统工程、综合布线系统工程、安全防范系统工程、道路交通、停车场系统工程、自动售检票系统工程、住宅小区管理系统工程、建筑设备自动化系统工程/工业和信息化部电子工业标准化研究院主编. —北京:中国计划出版社,2015.11
ISBN 978-7-5182-0264-5

Ⅰ.①电… Ⅱ.①工… Ⅲ.①电子工业-建筑安装-建筑预算定额-中国 Ⅳ.①TU723.3

中国版本图书馆CIP数据核字(2015)第242864号

电子建设工程预算定额 HYD 41-2015
第一册 计算机及网络系统工程
综合布线系统工程
安全防范系统工程
道路交通、停车场系统工程
自动售检票系统工程
住宅小区管理系统工程
建筑设备自动化系统工程
工业和信息化部电子工业标准化研究院 主编

中国计划出版社出版
网址:www.jhpress.com
地址:北京市西城区木樨地北里甲11号国宏大厦C座3层
邮政编码:100038 电话:(010)63906433(发行部)
新华书店北京发行所发行
北京市科星印刷有限责任公司印刷

880mm×1230mm 1/16 10印张 285千字
2015年11月第1版 2015年11月第1次印刷
印数1—5000册

ISBN 978-7-5182-0264-5
定价:86.00元

主编单位： 工业和信息化部电子工业标准化研究院

批准部门： 中 华 人 民 共 和 国 工 业 和 信 息 化 部

执行日期： 二 〇 一 五 年 八 月 一 日

工业和信息化部办公厅关于发布《电子建设工程概（预）算编制办法及计价依据》和《电子建设工程预算定额》的通知

工信厅规〔2015〕77号

各省、自治区、直辖市、计划单列市工业和信息化主管部门，各有关单位：

为适应电子建设工程的需要，合理确定和有效控制工程造价，我部组织修订了《电子建设工程概（预）算编制办法及计价依据》和《电子建设工程预算定额》。经审查，现批准发布，自2015年8月1日起实施。

原信息产业部于2005年发布的《电子建设工程概（预）算编制办法及计价依据》和《电子建设工程预算定额》（信部规〔2005〕36号）同时停止执行。

本《电子建设工程概（预）算编制办法及计价依据》和《电子建设工程预算定额》由部电子工业标准化研究院负责具体解释和管理并组织出版、发行。

附件：《电子建设工程概（预）算编制办法及计价依据》和《电子建设工程预算定额》目录

中华人民共和国工业和信息化部办公厅

2015年7月14日

附件：

《电子建设工程概（预）算编制办法及计价依据》和《电子建设工程预算定额》目录

1.《电子建设工程概（预）算编制办法及计价依据》

2.《电子建设工程预算定额》（第一册）：计算机及网络系统工程，综合布线系统工程，安全防范系统工程，道路交通、停车场系统工程，自动售检票系统工程，住宅小区管理系统工程，建筑设备自动化系统工程

3.《电子建设工程预算定额》（第二册）：雷达工程，有线电视、卫星接收系统工程，专业通信工程

4.《电子建设工程预算定额》（第三册）：音频、视频、灯光及集中控制系统工程

5.《电子建设工程预算定额》（第四册）：电磁屏蔽室安装工程

6.《电子建设工程预算定额》（第五册）：洁净厂房、数据中心及电子环境工程

说　　明

一、《电子建设工程预算定额》（以下简称本定额）包括：

第一册：计算机及网络系统工程，综合布线系统工程，安全防范系统工程，道路交通、停车场管理系统工程，自动售检票系统工程，住宅小区管理系统工程，建筑设备自动化系统工程。

第二册：雷达工程，有线电视、卫星接收系统工程，专业通信工程。

第三册：音频、视频、灯光、集中控制系统工程。

第四册：电磁屏蔽室安装工程。

第五册：洁净厂房、数据中心及电子环境工程。

二、本定额是编制施工图预算、进行工程招投标、签订建设工程承包合同、拨付工程款和办理竣工结算的依据；是统一电子工程预（结）算工程量计算规则、项目划分及计量单位的依据；是编制概算定额、概算指标和估算指标的基础；是完成规定计量单位分项工程计价所需的人工、材料、施工机械和仪器仪表的消耗量标准；也可作为制订企业定额和投标报价的参考。

三、本定额是依据国家有关现行产品标准、设计规范、施工验收规范、技术操作规程、质量评定标准和安全操作规程编制的。

四、本定额是按目前国内大多数施工企业采用的施工方法、机械、仪器仪表装备程度、合理的工期和劳动组织条件进行编制的。

五、本定额是按下列正常的施工条件进行编制的：

1. 设备、材料、成品、半成品和构件完整无损，符合质量标准和相应设计要求，附有合格证书和试验记录。

2. 安装工程和土建工程之间的交叉作业正常。

3. 安装地点、建筑物、设备基础和预留孔洞等均符合安装要求。

4. 水、电供应均满足安装施工正常使用。

5. 正常的气候、地理条件和施工环境。

六、人工工日消耗量的确定和计算方法：

1. 本定额的人工工日单价按照编制期工程所在地人力资源和社会保障部门所发布的最低工资标准，即：普工 1.3 倍、安装工 2.265 倍、调试工 3.26 倍取定的。

2. 人工费计算方法：∑（工程量 × 工日定额消耗量 × 综合工日单价）。

七、材料消耗量的确定和计算方法：

1. 本定额中的材料消耗量包括直接消耗在安装工作内容中的主要材料、辅助材料和零星材料等，并计入了相应损耗，其内容和范围包括：从工地仓库、现场集中堆放地点或现场加工地点到操作或安装地点的运输损耗、施工操作损耗和施工现场堆放损耗。

2. 凡定额内未注明单价的材料，基价中不包括其价格。可根据市场预算价格调整计算。

3. 用量很少，对基价影响很小的零星材料费合并为其他材料费，计入材料费内。

4. 材料费计算方法：∑（工程量 × 材料定额消耗量 × 材料预算单价）。

八、施工机械台班消耗量的确定和计算方法：

1. 本定额的施工机械台班消耗量是按正常合理的机械配备，机械施工工效测算确定的。

2. 凡单位价值在2000元以内，不构成固定资产的小型机械合并为其他机械费，计入机械费内。

3. 机械使用费计算方法：∑（工程量 × 机械定额消耗量 × 机械台班预算单价）。

九、施工仪器仪表台班消耗量的确定和计算方法：

1. 本定额的施工仪器仪表台班消耗量是按电子工程项目设计标准和施工验收规范的要求，根据技术性能测量、调试、检测所需仪器仪表的消耗量取定的。

2. 凡单位价值在2000元以内，不构成固定资产的小型仪器仪表使用费，合并为其他仪器仪表费，计入仪器仪表费内。

3. 仪器仪表使用费计算方法：∑（工程量 × 仪器仪表定额消耗量 × 仪器仪表台班预算单价）。

十、关于水平和垂直运输：

1. 设备：包括自安装现场指定堆放地点运至安装地点的水平运输，取定为100m。

2. 材料、成品、半成品：包括自施工单位现场仓库或现场指定堆放地点运至安装地点的水平运输，取定为300m。

3. 垂直运输基准面：室内以室内地平面为基准面，室外以安装现场地平面为基准面，按5m以内编制。

十一、有关建设项目工程费用按《电子建设工程概（预）算编制办法及计价依据》中规定计取。

十二、本定额所涉及的系统试运行（除有特殊要求外）是按连续无故障运行120小时考虑的，超出时费用另行计算。

十三、电子建设工程二次深化设计按专业工程估算造价的2%～3%计取，列入工程造价。

十四、本定额中注有“××× 以内”或“××× 以下”者，均包括 ××× 本身；“××× 以外”或“××× 以上”者，则不包括 ××× 本身。

十五、本说明的未尽事宜，详见各章说明。

十六、为了提高定额质量，请各单位和个人在执行本定额的过程中，认真总结经验，积累资料，如发现需要修改或补充之处，请将意见和建议反馈给电子工程标准定额站（地址：北京市东城区安定门东大街1号；邮政编码：100007；电话：64102718、64102656；传真：64102655；网址：www.ceecm.gov.cn；E-mail：postmaster@ceecm.gov.cn），以供今后修订时参考。

目　录

第一章
计算机及网络系统工程

说明及工程量计算规则

说　明

1. 本章主要内容包括：计算机电源、台架、插箱、机柜、网络设备、工业过程控制机、监控台、输入/输出设备、专用外部设备、存储设备的安装、调试，互联电缆制作、安装，计算机及网络系统联调，软件安装、调试，系统试运行等。

2. 计算机电源、台架、插箱、机柜、网络设备、工业过程控制机、监控台、输入/输出设备、专用外部设备、存储设备的安装、调试不包括以下工作内容：

（1）设备本身的功能性故障排除。

（2）缺件、配件的制作。

（3）在特殊环境条件下的设备加固、防护和电缆屏蔽。

（4）操作系统的开发；病毒的清除，版本升级与外系统的校验或统调。

3. 互联电缆制作、安装不包括以下工作内容：

（1）加工、制作电缆支架。

（2）电缆的编织、穿管、套塑。

（3）电缆的屏蔽、加固、防护。

4. 计算机及网络系统联调、试运行不包括以下工作内容：

（1）系统中设备本身的功能性故障排除。

（2）与计算机系统以外的外系统联试、校验或统调。

5. 计算机软件安装、调试、稳定性运行不包括以下工作内容：

（1）排除由于软件本身缺陷造成的故障。

（2）排除软件不配套或不兼容造成的运转失灵，排除硬件系统的故障引起的失灵、操作系统发生故障中断、诊断程序运行失控等故障。

（3）在特殊环境条件下的软件安装、防护。

（4）与计算机系统以外的外系统联试、校验或统调。

工程量计算规则

1. 计算机电源、台架、插箱、机柜、网络设备、工业过程控制机、监控台、输入/输出设备、专用外部设备、存储设备安装调试、软件安装，以“台（套）”计算。

2. 互联电缆制作、安装，以“条”计算。

3. 计算机及网络系统联调、试运行，以“系统”计算。

第一节　计算机电源安装、调试

工作内容：开箱检验、划线、定位、安装固定、安装附件及接线、接地、绝缘测试、单体测试等。

计量单位：台

定额编号					01001001	01001002	01001003	01001004
项目名称					高频开关电源（ATX）			
					≤ 350W	≤ 500W	≤ 700W	≤ 1000W
预算基价					98.11	127.54	164.81	203.80
其中	人工费（元）				43.74	72.90	109.35	145.80
	材料费（元）				49.33	49.60	50.42	52.06
	机械费（元）				1.24	1.24	1.24	1.24
	仪器仪表费（元）				3.80	3.80	3.80	4.70
名称		代号	单位	单价（元）	数量			
人工	安装工	1002	工日	145.80	0.300	0.500	0.750	1.000
材料	台架	216096	个	—	（1.000）	（1.000）	—	—
	插箱	216097	个	—	—	—	（1.000）	（1.000）
	铜端子 16	213122	个	12.000	2.040	2.040	2.040	2.040
	铜芯聚氯乙烯绝缘电线 BV-16	214013	m	11.640	2.040	2.040	2.040	2.040
	其他材料费	2999	元	—	1.100	1.370	2.190	3.830
机械	手动液压叉车	3065	台班	12.400	0.100	0.100	0.100	0.100
仪器仪表	接地电阻检测仪	4287	台班	14.510	0.200	0.200	0.200	0.200
	其他仪器仪表费	4999	元	—	0.900	0.900	0.900	1.800

第二节　台架、插箱、机柜安装

一、台架、插箱安装

工作内容：开箱检查、划线、定位、设备组装、接线、接地、本体安装等。　　计量单位：台

定额编号					01002001	01002002	01002003	01002004
项目名称					台架		标准插箱	
					650×700	650×1200	固定式	翻转式
预算基价					202.48	275.38	172.39	245.29
其中	人工费（元）				145.80	218.70	145.80	218.70
	材料费（元）				54.35	54.35	24.26	24.26
	机械费（元）				1.24	1.24	1.24	1.24
	仪器仪表费（元）				1.09	1.09	1.09	1.09
	名称	代号	单位	单价（元）	数量			
人工	安装工	1002	工日	145.80	1.000	1.500	1.000	1.500
材料	台架	216096	个	—	（1.000）	（1.000）	—	—
	插箱	216096	个	—	—	—	（1.000）	（1.000）
	铜端子 6	213120	个	4.550	—	—	2.040	2.040
	铜芯聚氯乙烯绝缘电线 BV-6	214011	m	4.340	—	—	2.040	2.040
	铜芯聚氯乙烯绝缘电线 BV-16	214013	m	11.640	2.040	2.040	—	—
	铜端子 16	213122	个	12.000	2.040	2.040	—	—
	其他材料费	2999	元	—	6.120	6.120	6.120	6.120
机械	手动液压叉车	3065	台班	12.400	0.100	0.100	0.100	0.100
仪器仪表	数字多用表	4045	台班	3.600	0.100	0.100	0.100	0.100
	接地电阻检测仪	4287	台班	14.510	0.050	0.050	0.050	0.050

二、机柜安装

工作内容：开箱检查、划线、定位、设备组装、接线、接地、本体安装等。　　计量单位：台

	定额编号				01003001
	项目名称				标准机柜
					19"
	预算基价				380.65
其中	人工费（元）				291.60
	材料费（元）				82.12
	机械费（元）				6.20
	仪器仪表费（元）				0.73
	名称	代号	单位	单价（元）	数量
人工	安装工	1002	工日	145.80	2.000
材料	机柜（机架）	216100	个	—	（1.000）
	铜端子 16	213122	个	12.000	2.040
	铜芯聚氯乙烯绝缘电线 BV-16	214013	m	11.640	2.040
	其他材料费	2999	元	—	33.890
机械	手动液压叉车	3065	台班	12.400	0.500
仪器仪表	接地电阻检测仪	4287	台班	14.510	0.050

第三节　网络设备安装、调试

一、网卡设备安装、调试

工作内容：开箱检查、接线、接地、本体安装调试等。　　计量单位：台

	定额编号				01004001	01004002
	项目名称				网卡（传输速率）	
					10/100M	1000M
	预算基价				47.46	77.52
其中	人工费（元）				43.74	72.90
	材料费（元）				1.92	1.92
	机械费（元）				—	—
	仪器仪表费（元）				1.80	2.70
	名称	代号	单位	单价（元）	数量	
人工	安装工	1002	工日	145.80	0.300	0.500
材料	其他材料费	2999	元	—	1.920	1.920
仪器仪表	便携式计算机	4311	台班	18.000	0.100	0.150

二、交换机设备安装、调试

工作内容：开箱检查、接线、接地、本体安装调试等。　　　　计量单位：台

定额编号					01005001	01005002	01005003	01005004
项目名称					交换机			
					固定配置		插槽式	
					≤ 24 口	> 24 口	≤ 4 槽	> 4 槽
预算基价					482.20	782.80	902.86	1411.00
其中	人工费（元）				437.40	729.00	831.06	1312.20
	材料费（元）				26.02	26.02	26.02	26.02
	机械费（元）				—	—	—	—
	仪器仪表费（元）				18.78	27.78	45.78	72.78
名称		代号	单位	单价（元）	数量			
人工	安装工	1002	工日	145.80	3.000	5.000	5.700	9.000
材料	铜端子 6	213120	个	4.550	2.040	2.040	2.040	2.040
	铜芯聚氯乙烯绝缘电线 BV-6	214011	m	4.340	2.040	2.040	2.040	2.040
	其他材料费	2999	元	—	7.880	7.880	7.880	7.880
仪器仪表	便携式计算机	4311	台班	18.000	1.000	1.500	2.500	4.000
	其他仪器仪表费	4999	元	—	0.780	0.780	0.780	0.780

三、集线器、收发器设备安装、调试

工作内容：开箱检查、接线、接地、本体安装调试等。　　　　计量单位：台

定额编号					01006001	01006002	01006003	01006004
项目名称					桌面型集线器	机架型集线器	堆叠式集线器	
							堆叠单元 2 ~ 4 个	堆叠单元 5 ~ 8 个
预算基价					65.29	117.18	261.33	341.04
其中	人工费（元）				58.32	87.48	218.70	291.60
	材料费（元）				1.57	19.92	20.25	21.66
	机械费（元）				—	—	—	—
	仪器仪表费（元）				5.40	9.78	22.38	27.78
名称		代号	单位	单价（元）	数量			
人工	安装工	1002	工日	145.80	0.400	0.600	1.500	2.000
材料	铜端子 6	213120	个	4.550	—	2.040	2.040	2.040
	铜芯聚氯乙烯绝缘电线 BV-6	214011	m	4.340	—	2.040	2.040	2.040
	其他材料费	2999	元	—	1.570	1.780	2.110	3.520
仪器仪表	便携式计算机	4311	台班	18.000	0.300	0.500	1.200	1.500
	其他仪器仪表费	4999	元	—	—	0.780	0.780	0.780

工作内容：开箱检查、接线、接地、本体安装调试等。 计量单位：台

定额编号					01006005
项目名称					收发器
					AVU-ST 光纤收发器
预算基价					267.98
其中	人工费（元）				145.80
	材料费（元）				8.90
	机械费（元）				—
	仪器仪表费（元）				113.28
名称		代号	单位	单价（元）	数量
人工	安装工	1002	工日	145.80	1.000
材料	其他材料费	2999	元	—	8.900
仪器仪表	光纤测试仪	4101	台班	329.430	0.250
	频谱分析仪	4125	台班	105.670	0.250
	便携式计算机	4311	台班	18.000	0.250

四、路由器、适配器、中继器设备安装、调试

工作内容：开箱检查、安装、接线、接地、调试等。 计量单位：台

定额编号					01007001	01007002	01007003	01007004
项目名称					路由器			
					固定配置		插槽式	
					≤ 4 口	≤ 8 口	≤ 4 槽	> 4 槽
预算基价					179.80	259.90	485.80	946.60
其中	人工费（元）				145.80	218.70	437.40	874.80
	材料费（元）				26.02	26.02	26.02	26.02
	机械费（元）				—	—	—	—
	仪器仪表费（元）				7.98	15.18	22.38	45.78
名称		代号	单位	单价（元）	数量			
人工	安装工	1002	工日	145.80	1.000	1.500	3.000	6.000
材料	铜端子 6	213120	个	4.550	2.040	2.040	2.040	2.040
	铜芯聚氯乙烯绝缘电线 BV-6	214011	m	4.340	2.040	2.040	2.040	2.040
	其他材料费	2999	元	—	7.880	7.880	7.880	7.880
仪器仪表	便携式计算机	4311	台班	18.000	0.400	0.800	1.200	2.500
	其他仪器仪表费	4999	元	—	0.780	0.780	0.780	0.780

工作内容：开箱检查、安装、接线、接地、调试等。　　计量单位：台

定额编号					01007005	01007006
项目名称					适配器	中继器
预算基价					398.45	325.15
其中	人工费（元）				364.50	291.60
	材料费（元）				24.17	23.77
	机械费（元）				—	—
	仪器仪表费（元）				9.78	9.78
名称		代号	单位	单价（元）	数量	
人工	安装工	1002	工日	145.80	2.500	2.000
材料	铜端子 6	213120	个	4.550	2.040	2.040
	铜芯聚氯乙烯绝缘电线 BV-6	214011	m	4.340	2.040	2.040
	其他材料费	2999	元	—	6.030	5.630
仪器仪表	便携式计算机	4311	台班	18.000	0.500	0.500
	其他仪器仪表费	4999	元	—	0.780	0.780

五、防火墙设备安装、调试

工作内容：开箱检查、安装、接线、接地、调试等。　　计量单位：台

定额编号					01008001	01008002	01008003
项目名称					包过滤防火墙	状态 / 动态检测防火墙	应用程序代理防火墙
预算基价					336.40	809.80	573.10
其中	人工费（元）				291.60	729.00	510.30
	材料费（元）				26.02	26.02	26.02
	机械费（元）				—	—	—
	仪器仪表费（元）				18.78	54.78	36.78
名称		代号	单位	单价（元）	数量		
人工	安装工	1002	工日	145.80	2.000	5.000	3.500
材料	铜端子 6	213120	个	4.550	2.040	2.040	2.040
	铜芯聚氯乙烯绝缘电线 BV-6	214011	m	4.340	2.040	2.040	2.040
	其他材料费	2999	元	—	7.880	7.880	7.880
仪器仪表	便携式计算机	4311	台班	18.000	1.000	3.000	2.000
	其他仪器仪表费	4999	元	—	0.780	0.780	0.780

工作内容：开箱检查、安装、接线、接地、调试等。　　　　　　　　　　　　　　　　　计量单位：台

定额编号					01008004	01008005	01008006
项目名称					NAT 防火墙	个人防火墙	网闸
预算基价					655.00	256.64	500.20
其中	人工费（元）				583.20	218.70	437.40
	材料费（元）				26.02	19.16	26.02
	机械费（元）				—	—	—
	仪器仪表费（元）				45.78	18.78	36.78
名称		代号	单位	单价（元）	数量		
人工	安装工	1002	工日	145.80	4.000	1.500	3.000
材料	铜端子 6	213120	个	4.550	2.040	2.040	2.040
	铜芯聚氯乙烯绝缘电线 BV-6	214011	m	4.340	2.040	2.040	2.040
	其他材料费	2999	元	—	7.880	1.020	7.880
仪器仪表	便携式计算机	4311	台班	18.000	2.500	1.000	2.000
	其他仪器仪表费	4999	元	—	0.780	0.780	0.780

六、网络服务器、调制解调器安装、调试

工作内容：开箱检查、设备组装、接线、接地、本体安装调试等。　　　　　　　　　　　计量单位：台

定额编号					01009001	01009002	01009003	01009004
项目名称					网桥	台式服务器		
						工作组级	部门级	企业级
预算基价					535.62	245.45	318.35	537.05
其中	人工费（元）				510.30	218.70	291.60	510.30
	材料费（元）				25.32	26.02	26.02	26.02
	机械费（元）				—	—	—	—
	仪器仪表费（元）				—	0.73	0.73	0.73
名称		代号	单位	单价（元）	数量			
人工	安装工	1002	工日	145.80	3.500	1.500	2.000	3.500
材料	铜端子 6	213120	个	4.550	2.040	2.040	2.040	2.040
	铜芯聚氯乙烯绝缘电线 BV-6	214011	m	4.340	2.040	2.040	2.040	2.040
	其他材料费	2999	元	—	7.180	7.880	7.880	7.880
仪器仪表	接地电阻检测仪	4287	台班	14.510	—	0.050	0.050	0.050

工作内容：开箱检查、设备组装、接线、接地、本体安装调试等。　　计量单位：台

定额编号					01009005	01009006	01009007
项目名称					插箱式服务器		
					1U	2U	3U
预算基价					114.23	143.39	201.71
其中	人工费（元）				87.48	116.64	174.96
	材料费（元）				26.02	26.02	26.02
	机械费（元）				—	—	—
	仪器仪表费（元）				0.73	0.73	0.73
	名称	代号	单位	单价（元）	数量		
人工	安装工	1002	工日	145.80	0.600	0.800	1.200
材料	铜端子 6	213120	个	4.550	2.040	2.040	2.040
	铜芯聚氯乙烯绝缘电线 BV–6	214011	m	4.340	2.040	2.040	2.040
	其他材料费	2999	元	—	7.880	7.880	7.880
仪器仪表	接地电阻检测仪	4287	台班	14.510	0.050	0.050	0.050

工作内容：开箱检查、设备组装、接线、接地、本体安装调试等。　　计量单位：套

定额编号					01009008	01009009
项目名称					刀片式服务器	
					≤ 7	＞ 7
预算基价					755.75	1193.15
其中	人工费（元）				729.00	1166.40
	材料费（元）				26.02	26.02
	机械费（元）				—	—
	仪器仪表费（元）				0.73	0.73
	名称	代号	单位	单价（元）	数量	
人工	安装工	1002	工日	145.80	5.000	8.000
材料	铜端子 6	213120	个	4.550	2.040	2.040
	铜芯聚氯乙烯绝缘电线 BV–6	214011	m	4.340	2.040	2.040
	其他材料费	2999	元	—	7.880	7.880
仪器仪表	接地电阻检测仪	4287	台班	14.510	0.050	0.050

工作内容：开箱检查、接线、接地、本体安装调试等。　　　　　　　　　　　　　　　　　　　　　　计量单位：台

定额编号					01009010	01009011	01009012	01009013
项目名称					调制解调器		PC 机	工作站
					有线	无线		
预算基价					172.60	281.36	51.62	235.58
其中	人工费（元）				145.80	262.44	43.74	218.70
	材料费（元）				26.02	18.14	7.88	7.88
	机械费（元）				—	—	—	—
	仪器仪表费（元）				0.78	0.78	—	9.00
	名称	代号	单位	单价（元）	数量			
人工	安装工	1002	工日	145.80	1.000	1.800	0.300	1.500
材料	铜端子 6	213120	个	4.550	2.040	2.040	—	—
	铜芯聚氯乙烯绝缘电线 BV–6	214011	m	4.340	2.040	2.040	—	—
	其他材料费	2999	元	—	7.880	—	7.880	7.880
仪器仪表	便携式计算机	4311	台班	18.000	—	—	—	0.500
	其他仪器仪表费	4999	元	—	0.780	0.780		

七、KVM 切换器安装、调试

工作内容：开箱检查、接线、接地、本体安装调试等。　　　　　　　　　　　　　　　　　　　　　　计量单位：台

定额编号					01010001	01010002	01010003
项目名称					KVM 切换器		
					≤ 8 端口	≤ 32 端口	＞ 32 端口
预算基价					263.68	325.60	478.60
其中	人工费（元）				233.28	291.60	437.40
	材料费（元）				26.02	26.02	26.02
	机械费（元）				—	—	—
	仪器仪表费（元）				4.38	7.98	15.18
	名称	代号	单位	单价（元）	数量		
人工	安装工	1002	工日	145.80	1.600	2.000	3.000
材料	铜端子 6	213120	个	4.550	2.040	2.040	2.040
	铜芯聚氯乙烯绝缘电线 BV–6	214011	m	4.340	2.040	2.040	2.040
	其他材料费	2999	元	—	7.880	7.880	7.880
仪器仪表	便携式计算机	4311	台班	18.000	0.200	0.400	0.800
	其他仪器仪表费	4999	元	—	0.780	0.780	0.780

八、无线设备安装、调试

工作内容：开箱检查、接线、接地、本体安装调试等。　　　　计量单位：台

定额编号					01011001	01011002	01011003	01011004
项目名称					无线设备			
					室内定向	室外定向	室内全向	室外全向
预算基价					29.16	58.32	43.74	87.48
其中	人工费（元）				29.16	58.32	43.74	87.48
	材料费（元）				—	—	—	—
	机械费（元）				—	—	—	—
	仪器仪表费（元）				—	—	—	—
	名　称	代号	单位	单价（元）	数　量			
人工	安装工	1002	工日	145.80	0.200	0.400	0.300	0.600

工作内容：开箱检查、接线、接地、本体安装调试等。　　　　计量单位：套

定额编号					01011005	01011006	01011007
项目名称					无线控制器		
					100用户	250用户	500用户
预算基价					333.53	808.49	1284.68
其中	人工费（元）				291.60	729.00	1166.40
	材料费（元）				19.72	21.28	24.07
	机械费（元）				—	—	—
	仪器仪表费（元）				22.21	58.21	94.21
	名　称	代号	单位	单价（元）	数　量		
人工	安装工	1002	工日	145.80	2.000	5.000	8.000
材料	铜端子6	213120	个	4.550	2.040	2.040	2.040
	铜芯聚氯乙烯绝缘电线BV-6	214011	m	4.340	2.040	2.040	2.040
	其他材料费	2999	元	—	1.580	3.140	5.930
仪器仪表	便携式计算机	4311	台班	18.000	1.000	3.000	5.000
	接地电阻检测仪	4286	台班	84.120	0.050	0.050	0.050

第四节　工业过程控制机安装、调试

工作内容：开箱检查、安装、接线、接地、调试等。　　　　计量单位：台

定额编号					01012001	01012002	01012003	01012004
项目名称					工业过程控制机			
					控制点≤128点	控制点≤256点	控制点≤512点	控制点≤1024点
预算基价					1598.64	1983.06	2686.08	3617.86
其中	人工费（元）				729.00	1093.50	1749.60	2624.40
	材料费（元）				797.64	799.56	801.48	813.46
	机械费（元）				—	—	—	—
	仪器仪表费（元）				72.00	90.00	135.00	180.00
	名称	代号	单位	单价（元）	数量			
人工	安装工	1002	工日	145.80	5.000	7.500	12.000	18.000
材料	地线 $75mm^2 \times 10m$	216081	根	580.000	1.000	1.000	1.000	1.000
	汇流母线 $25mm^2 \times 1.5m$	216070	根	85.000	2.000	2.000	2.000	2.000
	其他材料费	2999	元	—	47.640	49.560	51.480	63.460
仪器仪表	便携式计算机	4311	台班	18.000	4.000	5.000	7.500	10.000

工作内容：开箱检查、设备组装、接线、接地、本体安装调试等。　　　　计量单位：台

定额编号					01012005	01012006	01012007
项目名称					工业过程控制机		
					控制点≤2048点	控制点≤4096点	控制点＞4096点，每增加32点
预算基价					4900.52	6631.36	164.80
其中	人工费（元）				3645.00	5103.00	145.80
	材料费（元）				985.52	1168.36	10.00
	机械费（元）				—	—	—
	仪器仪表费（元）				270.00	360.00	9.00
	名称	代号	单位	单价（元）	数量		
人工	安装工	1002	工日	145.80	25.000	35.000	1.000
材料	地线 $75mm^2 \times 10m$	216081	根	580.000	1.000	1.000	—
	汇流母线 $25mm^2 \times 1.5m$	216070	根	85.000	4.000	6.000	—
	其他材料费	2999	元	—	65.520	78.360	10.000
仪器仪表	便携式计算机	4311	台班	18.000	15.000	20.000	0.500

第五节　监控台安装、调试

工作内容：开箱检查、设备组装、接线、接地、本体安装调试等。　　计量单位：台

定额编号					01013001	01013002
项目名称					微机控制双工监控台	指挥控制台
预算基价					1027.55	1264.25
其中	人工费（元）				874.80	1093.50
	材料费（元）				74.25	74.25
	机械费（元）				—	—
	仪器仪表费（元）				78.50	96.50
名称		代号	单位	单价（元）	数量	
人工	安装工	1002	工日	145.80	6.000	7.500
材料	铜端子 16	213122	个	12.000	2.040	2.040
	铜芯聚氯乙烯绝缘电线 BV–16	214013	m	11.640	2.040	2.040
	其他材料费	2999	元	—	26.020	26.020
仪器仪表	数字多用表	4045	台班	3.600	1.000	1.000
	便携式计算机	4311	台班	18.000	4.000	5.000
	接地电阻检测仪	4287	台班	14.510	0.200	0.200

第六节　输入、输出设备安装、调试

一、打印机安装、调试

工作内容：开箱检查、本体安装调试等。　　计量单位：台

定额编号					01014001	01014002	01014003	01014004
项目名称					票据打印机	宽行打印机	激光打印机 A0、A1	激光打印机 A3、A4
预算基价					15.48	37.35	66.51	37.35
其中	人工费（元）				14.58	36.45	65.61	36.45
	材料费（元）				—	—	—	—
	机械费（元）				—	—	—	—
	仪器仪表费（元）				0.90	0.90	0.90	0.90
名称		代号	单位	单价（元）	数量			
人工	安装工	1002	工日	145.80	0.100	0.250	0.450	0.250
仪器仪表	便携式计算机	4311	台班	18.000	0.050	0.050	0.050	0.050

工作内容：开箱检查、本体安装调试等。　　　　计量单位：台

定额编号					01014006	01014007	01014008
项目名称					喷墨打印机 A0、A1	喷墨打印机 A3、A4	网路打印机
预算基价					73.80	37.35	150.30
其中	人工费（元）				72.90	36.45	145.80
	材料费（元）				—	—	—
	机械费（元）				—	—	—
	仪器仪表费（元）				0.90	0.90	4.50
名称		代号	单位	单价（元）	数量		
人工	安装工	1002	工日	145.80	0.500	0.250	1.000
仪器仪表	便携式计算机	4311	台班	18.000	0.050	0.050	0.250

工作内容：开箱检查、本体安装调试等。　　　　计量单位：台

定额编号					01014009	01014010	01014011
项目名称					单喷头 3D 打印机		
					最大单边（mm）		
					300	600	800
预算基价					1551.33	2799.63	3883.81
其中	人工费（元）				1166.40	2187.00	2916.00
	材料费（元）				80.03	90.03	99.49
	机械费（元）				12.40	18.60	22.32
	仪器仪表费（元）				292.50	504.00	846.00
名称		代号	单位	单价（元）	数量		
人工	安装工	1002	工日	145.80	8.000	15.000	20.000
材料	其他材料费	2999	元	—	80.030	90.030	99.490
机械	手动液压叉车	3065	台班	12.400	1.000	1.500	1.800
仪器仪表	激光扫描水平仪	4308	台班	63.000	3.500	6.000	10.000
	便携式计算机	4311	台班	18.000	4.000	7.000	12.000

工作内容：开箱检查、本体安装调试等。　　　　计量单位：台

定额编号					01014012	01014013	01014014
项目名称					双喷头 3D 打印机		
					最大单边（mm）		
					300	600	800
预算基价					2346.03	3807.63	5017.81
其中	人工费（元）				1749.60	2916.00	3645.00
	材料费（元）				80.03	90.03	99.49
	机械费（元）				12.40	18.60	22.32
	仪器仪表费（元）				504.00	783.00	1251.00
	名称	代号	单位	单价（元）	数量		
人工	安装工	1002	工日	145.80	12.000	20.000	25.000
材料	其他材料费	2999	元	—	80.030	90.030	99.490
机械	手动液压叉车	3065	台班	12.400	1.000	1.500	1.800
仪器仪表	激光扫描水平仪	4308	台班	63.000	6.000	9.000	15.000
	便携式计算机	4311	台班	18.000	7.000	12.000	17.000

工作内容：开箱检查、本体安装调试等。　　　　计量单位：台

定额编号					01014015	01014016	01014017
项目名称					三喷头 3D 打印机		
					最大单边（mm）		
					300	600	800
预算基价					3026.43	5022.63	6151.81
其中	人工费（元）				2187.00	3645.00	4374.00
	材料费（元）				80.03	90.03	99.49
	机械费（元）				12.40	18.60	22.32
	仪器仪表费（元）				747.00	1269.00	1656.00
	名称	代号	单位	单价（元）	数量		
人工	安装工	1002	工日	145.80	15.000	25.000	30.000
材料	其他材料费	2999	元	—	80.030	90.030	99.490
机械	手动液压叉车	3065	台班	12.400	1.000	1.500	1.800
仪器仪表	激光扫描水平仪	4308	台班	63.000	9.000	15.000	20.000
	便携式计算机	4311	台班	18.000	10.000	18.000	22.000

二、绘图仪安装、调试

工作内容：开箱检查、本体安装调试等。　　　　计量单位：台

定额编号					01015001	01015002
项目名称					绘图仪	
					B0、B1	A3、A4
预算基价					232.13	34.38
其中	人工费（元）				218.70	29.16
	材料费（元）				7.35	4.32
	机械费（元）				2.48	—
	仪器仪表费（元）				3.60	0.90
名称		代号	单位	单价（元）	数量	
人工	安装工	1002	工日	145.80	1.500	0.200
材料	其他材料费	2999	元	—	7.350	4.320
机械	手动液压叉车	3065	台班	12.400	0.200	—
仪器仪表	便携式计算机	4311	台班	18.000	0.200	0.050

三、扫描仪安装、调试

工作内容：开箱检查、本体安装调试等。　　　　计量单位：台

定额编号					01016001	01016002
项目名称					扫描仪	
					B0、B1	A3、A4
预算基价					222.08	30.06
其中	人工费（元）				218.70	29.16
	材料费（元）				—	—
	机械费（元）				2.48	—
	仪器仪表费（元）				0.90	0.90
名称		代号	单位	单价（元）	数量	
人工	安装工	1002	工日	145.80	1.500	0.200
机械	手动液压叉车	3065	台班	12.400	0.200	—
仪器仪表	便携式计算机	4311	台班	18.000	0.050	0.050

四、数字化仪安装、调试

工作内容：开箱检查、本体安装调试等。　　　　计量单位：台

定额编号					01017001	01017002
项目名称					数字化仪	
					A0、A1	A3、A4
预算基价					151.88	73.80
其中	人工费（元）				145.80	72.90
	材料费（元）				—	—
	机械费（元）				2.48	—
	仪器仪表费（元）				3.60	0.90
名称		代号	单位	单价（元）	数量	
人工	安装工	1002	工日	145.80	1.000	0.500
机械	手动液压叉车	3065	台班	12.400	0.200	—
仪器仪表	便携式计算机	4311	台班	18.000	0.200	0.050

五、其他输入、输出设备安装、调试

工作内容：开箱检查、本体安装调试等。　　　　计量单位：台

定额编号					01018001	01018002	01018003
项目名称					彩色硬拷贝机	X–Y 记录仪	多功能一体机
预算基价					75.95	77.18	75.20
其中	人工费（元）				72.90	72.90	72.90
	材料费（元）				1.25	—	0.50
	机械费（元）				—	2.48	—
	仪器仪表费（元）				1.80	1.80	1.80
名称		代号	单位	单价（元）	数量		
人工	安装工	1002	工日	145.80	0.500	0.500	0.500
材料	其他材料费	2999	元	—	1.250	—	0.500
机械	手动液压叉车	3065	台班	12.400	—	0.200	—
仪器仪表	便携式计算机	4311	台班	18.000	0.100	0.100	0.100

工作内容：开箱检查、划线、定位、设备组装、接线、接地、本体安装调试等。　计量单位：台

定额编号				01018004	01018005	01018006	01018007
项目名称				监视器			
				CRT	液晶监视器		
				摆放		壁挂	吊装
预算基价				85.11	49.68	122.58	129.19
其中	人工费（元）			72.90	36.45	109.35	109.35
	材料费（元）			6.11	7.13	7.13	7.13
	机械费（元）			1.24	1.24	1.24	7.85
	仪器仪表费（元）			4.86	4.86	4.86	4.86
名称		代号	单位	单价（元）	数量		
人工	安装工	1002	工日	145.80	0.500	0.250	0.750	0.750
材料	其他材料费	2999	元	—	6.110	7.130	7.130	7.130
机械	液压升降机	3059	台班	33.030	—	—	—	0.200
	手动液压叉车	3065	台班	12.400	0.100	0.100	0.100	0.100
仪器仪表	数字多用表	4045	台班	3.600	0.100	0.100	0.100	0.100
	便携式计算机	4311	台班	18.000	0.250	0.250	0.250	0.250

第七节　专用外部设备安装

一、通信控制器安装、调试

工作内容：开箱检查、接线、本体安装调试等。　计量单位：台

定额编号					01019001
项目名称					微机处理通信控制器
预算基价					462.21
其中	人工费（元）				437.40
	材料费（元）				1.88
	机械费（元）				6.20
	仪器仪表费（元）				16.73
名称		代号	单位	单价（元）	数量
人工	安装工	1002	工日	145.80	3.000
材料	其他材料费	2999	元	—	1.880
机械	手动液压叉车	3065	台班	12.400	0.500
仪器仪表	打印机	4270	台班	23.320	0.100
	便携式计算机	4311	台班	18.000	0.800

二、模 / 数（A/D）、数 / 模（D/A）转换设备安装、调试

工作内容：开箱检查、接线、接地、本体安装调试等。　　　　计量单位：台

定额编号					01020001	01020002	01020003
项目名称					A/D、D/A 转换设备		
					8 路 8 位以下	8/16 路 12 位	16/32 路 32 位
预算基价					240.75	447.54	581.44
其中	人工费（元）				145.80	291.60	364.50
	材料费（元）				21.12	21.12	21.12
	机械费（元）				—	—	—
	仪器仪表费（元）				73.83	134.82	195.82
	名称	代号	单位	单价（元）	数量		
人工	安装工	1002	工日	145.80	1.000	2.000	2.500
材料	铜端子 6	213120	个	4.550	2.040	2.040	2.040
	铜芯聚氯乙烯绝缘电线 BV-6	214011	m	4.340	2.040	2.040	2.040
	其他材料费	2999	元	—	2.980	2.980	2.980
仪器仪表	便携式计算机	4311	台班	18.000	1.000	1.500	2.000
	时间间隔测定仪	4082	台班	7.660	1.000	1.500	2.000
	示波器	4121	台班	96.330	0.500	1.000	1.500

工作内容：开箱检查、接线、接地、本体安装调试等。　　　　计量单位：台

定额编号					01020004	01020005	01020006	01020007
项目名称					A/D、D/A 转换设备			
					32/48 路 32 位	48/64 路 32 位	96/128 路 32/64 位	128/256 路 32/64 位
预算基价					680.00	886.79	1020.69	1300.38
其中	人工费（元）				437.40	583.20	656.10	874.80
	材料费（元）				21.12	21.12	21.12	21.12
	机械费（元）				—	—	—	—
	仪器仪表费（元）				221.48	282.47	343.47	404.46
	名称	代号	单位	单价（元）	数量			
人工	安装工	1002	工日	145.80	3.000	4.000	4.500	6.000
材料	铜端子 6	213120	个	4.550	2.040	2.040	2.040	2.040
	铜芯聚氯乙烯绝缘电线 BV-6	214011	m	4.340	2.040	2.040	2.040	2.040
	其他材料费	2999	元	—	2.980	2.980	2.980	2.980
仪器仪表	便携式计算机	4311	台班	18.000	3.000	3.500	4.000	4.500
	时间间隔测定仪	4082	台班	7.660	3.000	3.500	4.000	4.500
	示波器	4121	台班	96.330	1.500	2.000	2.500	3.000

第八节　存储设备安装

一、数字硬盘录像机、磁盘阵列机、光盘库安装、调试

工作内容：开箱检查、接线、接地、本体安装调试等。　　　　　　　　　　　　　　　　计量单位：台

定额编号					01021001	01021002	01021003	01021004
项目名称					数字硬盘录像机			
					带环路		不带环路	
					≤ 16	> 16	≤ 16	> 16
预算基价					486.42	959.82	340.62	814.02
其中	人工费（元）				437.40	874.80	291.60	729.00
	材料费（元）				21.84	21.84	21.84	21.84
	机械费（元）				—	—	—	—
	仪器仪表费（元）				27.18	63.18	27.18	63.18
名称		代号	单位	单价（元）	数量			
人工	安装工	1002	工日	145.80	3.000	6.000	2.000	5.000
材料	铜端子 6	213120	个	4.550	2.040	2.040	2.040	2.040
	铜芯聚氯乙烯绝缘电线 BV–6	214011	m	4.340	2.040	2.040	2.040	2.040
	其他材料费	2999	元	—	3.700	3.700	3.700	3.700
仪器仪表	数字多用表	4045	台班	3.600	0.050	0.050	0.050	0.050
	便携式计算机	4311	台班	18.000	1.500	3.500	1.500	3.500

工作内容：开箱检查、接线、接地、本体安装调试等。　　　　　　　　　　　　　　　　计量单位：台

定额编号					01021005	01021006	01021007	01021008
项目名称					磁盘阵列机			
					2 通道	4 通道	8 通道	16 通道
预算基价					350.61	649.41	1269.58	1941.99
其中	人工费（元）				291.60	583.20	1166.40	1749.60
	材料费（元）				38.41	38.41	67.50	134.99
	机械费（元）				6.20	6.20	8.68	12.40
	仪器仪表费（元）				14.40	21.60	27.00	45.00
名称		代号	单位	单价（元）	数量			
人工	安装工	1002	工日	145.80	2.000	4.000	8.000	12.000
材料	白绸	218080	m^2	15.750	1.000	1.000	1.500	3.000
	铜端子 6	213120	个	4.550	2.040	2.040	4.080	8.160
	铜芯聚氯乙烯绝缘电线 BV–6	214011	m	4.340	2.040	2.040	4.080	8.160
	其他材料费	2999	元	—	4.520	4.520	7.600	15.200
机械	手动液压叉车	3065	台班	12.400	0.500	0.500	0.700	1.000
仪器仪表	便携式计算机	4311	台班	18.000	0.800	1.200	1.500	2.500

工作内容：开箱检查、设备组装、接线、接地、本体安装调试等。　　计量单位：台

定额编号					01021009	01021010	01021011
项目名称					磁盘阵列机		
					32 通道	128 通道	每增加 1 块硬盘
预算基价					2972.26	5236.01	35.58
其中	人工费（元）				2624.40	4374.00	29.16
	材料费（元）				269.98	767.69	4.98
	机械费（元）				14.88	22.32	—
	仪器仪表费（元）				63.00	72.00	1.44
	名称	代号	单位	单价（元）	数量		
人工	安装工	1002	工日	145.80	18.000	30.000	0.200
材料	白绸	218080	m^2	15.750	6.000	9.000	0.300
	铜端子 6	213120	个	4.550	16.320	65.280	—
	铜芯聚氯乙烯绝缘电线 BV-6	214011	m	4.340	16.320	65.280	—
	其他材料费	2999	元	—	30.400	45.600	0.250
机械	手动液压叉车	3065	台班	12.400	1.200	1.800	—
仪器仪表	便携式计算机	4311	台班	18.000	3.500	4.000	0.080

工作内容：开箱检查、设备组装、接线、接地、本体安装调试等。　　计量单位：台

定额编号					01021012	01021013	01021014	01021015
项目名称					光盘库			
					光盘匣≤4个	光盘匣≤16个	光盘匣≤32个	每增加1个光盘匣
预算基价					468.08	1072.98	2265.02	110.14
其中	人工费（元）				364.50	874.80	1895.40	94.77
	材料费（元）				79.50	137.98	234.94	9.97
	机械费（元）				2.48	6.20	8.68	—
	仪器仪表费（元）				21.60	54.00	126.00	5.40
	名称	代号	单位	单价（元）	数量			
人工	安装工	1002	工日	145.80	2.500	6.000	13.000	0.650
材料	光盘	216023	张	10.000	2.000	4.000	6.000	—
	白绸	218080	m^2	15.750	2.000	4.000	8.000	0.500
	铜端子 6	213120	个	4.550	2.040	2.040	2.040	—
	铜芯聚氯乙烯绝缘电线 BV-6	214011	m	4.340	2.040	2.040	2.040	—
	其他材料费	2999	元	—	9.860	16.840	30.800	2.090
机械	手动液压叉车	3065	台班	12.400	0.200	0.500	0.700	—
仪器仪表	便携式计算机	4311	台班	18.000	1.200	3.000	7.000	0.300

二、磁带机、磁带库安装、调试

工作内容：开箱检查、设备组装、接线、接地、本体安装调试等。　　　　计量单位：台

定额编号					01022001	01022002	01022003	01022004	01022005
项目名称					台式磁带机	盒式磁带机（盒带数量）			
						≤ 16	≤ 32	≤ 64	≤ 128
预算基价					68.56	429.32	698.49	1152.89	2256.84
其中	人工费（元）				43.74	364.50	583.20	947.70	1895.40
	材料费（元）				21.22	26.34	48.57	90.99	172.76
	机械费（元）				—	2.48	3.72	6.20	8.68
	仪器仪表费（元）				3.60	36.00	63.00	108.00	180.00
	名称	代号	单位	单价（元）	数量				
人工	安装工	1002	工日	145.80	0.300	2.500	4.000	6.500	13.000
材料	磁带 20GB	216027	盒	—	（0.500）	（1.000）	（2.000）	（4.000）	（6.000）
	磁带 清洁带	216028	盒	—	（0.500）	（1.000）	（1.000）	（2.000）	（3.000）
	铜芯聚氯乙烯绝缘电线 BV-6	214011	m	4.340	2.040	2.040	4.080	8.160	16.320
	铜端子 6	213120	个	4.550	2.040	2.040	4.080	8.160	16.320
	其他材料费	2999	元	—	3.080	8.200	12.300	18.450	27.680
机械	手动液压叉车	3065	台班	12.400	—	0.200	0.300	0.500	0.700
仪器仪表	便携式计算机	4311	台班	18.000	0.200	2.000	3.500	6.000	10.000

工作内容：开箱检查、设备组装、接线、接地、本体安装调试等。　　　　计量单位：台

定额编号					01022006	01022007	01022008	01022009
项目名称					磁带库			
					小型 ≤ 200 盒	中型 201 ~ 500 盒	大型 501 ~ 1000 盒	＞ 1000 盒，每增加 50 盒
预算基价					596.84	1098.54	1736.29	162.00
其中	人工费（元）				510.30	947.70	1530.90	116.64
	材料费（元）				26.34	30.44	36.59	27.68
	机械费（元）				6.20	12.40	24.80	8.68
	仪器仪表费（元）				54.00	108.00	144.00	9.00
	名称	代号	单位	单价（元）	数量			
人工	安装工	1002	工日	145.80	3.500	6.500	10.500	0.800
材料	磁带 20GB	216027	盒	—	（1.000）	（5.000）	（10.000）	（0.500）
	磁带 清洁带	216028	盒	—	（1.000）	（2.000）	（4.000）	（0.500）
	铜芯聚氯乙烯绝缘电线 BV-6	214011	m	4.340	2.040	2.040	2.040	—
	铜端子 6	213120	个	4.550	2.040	2.040	2.040	—
	其他材料费	2999	元	—	8.200	12.300	18.450	27.680
机械	手动液压叉车	3065	台班	12.400	0.500	1.000	2.000	0.700
仪器仪表	便携式计算机	4311	台班	18.000	3.000	6.000	8.000	0.500

第九节 互联电缆制作、安装

一、圆导体带状电缆制作、安装

工作内容：量裁线缆、线缆与接头的安装焊接、测试等。 计量单位：条

定 额 编 号					01023001	01023002	01023003	01023004
项 目 名 称					带连接器的圆导体带状电缆（以内）			
					10 线	20 线	26 线	34 线
预 算 基 价					47.19	54.55	61.88	69.24
其中	人工费（元）				43.74	51.03	58.32	65.61
	材料费（元）				0.50	0.50	0.50	0.50
	机械费（元）				2.77	2.77	2.77	2.77
	仪器仪表费（元）				0.18	0.25	0.29	0.36
名 称		代号	单位	单价（元）	数 量			
人工	安装工	1002	工日	145.80	0.300	0.350	0.400	0.450
材料	压接带状电缆插头（座）	216148	个	—	（2.020）	（2.020）	（2.020）	（2.020）
	圆导体带状电缆	216112	m	—	（1.020）	（1.020）	（1.020）	（1.020）
	其他材料费	2999	元	—	0.500	0.500	0.500	0.500
机械	其他机具费	3999	元	—	2.770	2.770	2.770	2.770
仪器仪表	数字多用表	4045	台班	3.600	0.050	0.070	0.080	0.100

工作内容：量裁线缆、线缆与接头的安装焊接、测试等。 计量单位：条

定 额 编 号					01023005	01023006	01023007
项 目 名 称					带连接器的圆导体带状电缆（以内）		
					40 线	50 线	60 线
预 算 基 价					69.24	76.71	91.47
其中	人工费（元）				65.61	72.90	87.48
	材料费（元）				0.50	0.50	0.50
	机械费（元）				2.77	2.77	2.77
	仪器仪表费（元）				0.36	0.54	0.72
名 称		代号	单位	单价（元）	数 量		
人工	安装工	1002	工日	145.80	0.450	0.500	0.600
材料	压接带状电缆插头（座）	216148	个	—	（2.020）	（2.020）	（2.020）
	圆导体带状电缆	216111	m	—	（1.020）	（1.020）	（1.020）
	其他材料费	2999	元	—	0.500	0.500	0.500
机械	其他机具费	3999	元	—	2.770	2.770	2.770
仪器仪表	数字多用表	4045	台班	3.600	0.100	0.150	0.200

二、外设接口电缆、外联电缆制作、安装

工作内容：量裁线缆、线缆与接头的安装焊接、测试等。　　计量单位：条

定额编号					01024001	01024002	01024003	01024004
项目名称					带连接器的外设接口电缆（以内）		带连接器计算机系统外联电缆（以内）	
					7 芯	37 芯	19 芯	32 芯
预算基价					78.36	100.23	78.36	100.23
其中	人工费（元）				43.74	65.61	43.74	65.61
	材料费（元）				0.50	0.50	0.50	0.50
	机械费（元）				3.46	3.46	3.46	3.46
	仪器仪表费（元）				30.66	30.66	30.66	30.66
名称		代号	单位	单价（元）	数量			
人工	安装工	1002	工日	145.80	0.300	0.450	0.300	0.450
材料	航空圆形插头（座）	213415	个	—	—	—	（2.020）	（2.020）
	传输电缆	216121	m	—	—	—	（1.020）	（1.020）
	矩形针孔式插头（座）	213410	个	—	（2.020）	（2.020）	—	—
	传输电缆	216120	m	—	（1.020）	（1.020）	—	—
	其他材料费	2999	元	—	0.500	0.500	0.500	0.500
机械	其他机具费	3999	元	—	3.460	3.460	3.460	3.460
仪器仪表	数字自动测试仪	4291	台班	38.530	0.250	0.250	0.250	0.250
	接地电阻检测仪	4286	台班	84.120	0.250	0.250	0.250	0.250

三、中继连接电缆（带连接器）制作、安装

工作内容：量裁线缆、线缆与接头的安装焊接、测试等。　　计量单位：条

定额编号					01025001	01025002	01025003	01025004
项目名称					中继连接电缆（以内）			
					3芯	6芯	9芯	15芯
预算基价					86.22	108.66	131.10	196.46
其中	人工费（元）				36.45	43.74	51.03	65.61
	材料费（元）				15.65	30.80	45.95	76.25
	机械费（元）				3.46	3.46	3.46	5.54
	仪器仪表费（元）				30.66	30.66	30.66	49.06
名称		代号	单位	单价（元）	数量			
人工	安装工	1002	工日	145.80	0.250	0.300	0.350	0.450
材料	连接插针 压接	213431	个	—	（6.060）	（12.120）	（18.180）	（30.300）
	中继连接电缆 BV-2.5	216130	m	—	（5.100）	（5.100）	（5.100）	（5.100）
	中继（矩形）连接器	213420	对	—	（1.010）	（1.010）	（1.010）	（1.010）
	连接插孔 压接	213430	个	2.500	6.060	12.120	18.180	30.300
	其他材料费	2999	元	—	0.500	0.500	0.500	0.500
机械	其他机具费	3999	元	—	3.460	3.460	3.460	5.540
仪器仪表	数字自动测试仪	4291	台班	38.530	0.250	0.250	0.250	0.400
	接地电阻检测仪	4286	台班	84.120	0.250	0.250	0.250	0.400

第十节　计算机及网络系统联调

工作内容：系统测试、软件功能 / 技术参数的设置、完成自检测试报告等。　　　　计量单位：系统

定额编号					01026001	01026002	01026003
项目名称					计算机及网络系统联调		
					≤ 100 个信息点	≤ 300 个信息点	> 300 个信息点，每增加 50 个信息点
预算基价					10719.16	26761.77	4501.44
其中	人工费（元）				8396.00	21199.90	3568.30
	材料费（元）				12.26	20.93	2.45
	机械费（元）				—	—	—
	仪器仪表费（元）				2310.90	5540.94	930.69
	名　　称	代号	单位	单价（元）	数　　量		
人工	调试工	1003	工日	209.90	40.000	101.000	17.000
材料	防静电手环	216095	个	3.600	1.000	1.000	—
	其他材料费	2999	元	—	8.660	17.330	2.450
仪器仪表	数字多用表	4045	台班	3.600	3.000	7.000	4.000
	网络分析仪	4220	台班	196.260	10.000	24.000	4.000
	对讲机	4164	台班	1.500	9.000	21.000	3.500
	便携式计算机	4311	台班	18.000	18.000	43.000	7.000

第十一节　计算机及网络系统试运行

工作内容：系统测试、软件功能 / 技术参数的设置、完成自检测试报告等。　　　　计量单位：系统

定额编号					01027001	01027002	01027003
项目名称					计算机及网络系统试运行		
					≤ 100 个信息点	≤ 300 个信息点	> 300 个信息点，每增加 50 个信息点
预算基价					6857.82	16335.60	1848.13
其中	人工费（元）				6297.00	15112.80	1679.20
	材料费（元）				29.48	79.36	12.94
	机械费（元）				—	—	—
	仪器仪表费（元）				531.34	1143.44	155.99
	名　　称	代号	单位	单价（元）	数　　量		
人工	调试工	1003	工日	209.90	30.000	72.000	8.000
材料	防静电手环	216095	个	3.600	1.000	1.000	—
	其他材料费	2999	元	—	25.880	75.760	12.940
仪器仪表	网络分析仪	4220	台班	196.260	2.000	5.000	0.500
	数字多用表	4045	台班	3.600	5.000	5.000	2.000
	便携式计算机	4311	台班	18.000	5.000	5.000	2.000
	打印机	4270	台班	23.320	1.000	2.000	0.500
	对讲机	4164	台班	1.500	5.000	5.000	2.000

第十二节　系 统 软 件

工作内容：检查、软件安装、调试、完成自检测试报告等。　　计量单位：套

定额编号					01028001	01028002	01028003	01028004
项目名称					系统服务器软件			
					≤ 25 用户	≤ 50 用户	≤ 100 用户	> 100 用户，每增加 10 用户
预算基价					1716.32	3420.45	6825.64	1064.91
其中	人工费（元）				1679.20	3358.40	6716.80	1049.50
	材料费（元）				29.39	53.15	98.78	10.38
	机械费（元）				—	—	—	—
	仪器仪表费（元）				7.73	8.90	10.06	5.03
	名称	代号	单位	单价（元）	数量			
人工	调试工	1003	工日	209.90	8.000	16.000	32.000	5.000
材料	光盘	216023	张	10.000	2.000	4.000	8.000	1.000
	其他材料费	2999	元	—	9.390	13.150	18.780	0.380
仪器仪表	便携式计算机	4311	台班	18.000	0.300	0.300	0.300	0.150
	打印机	4270	台班	23.320	0.100	0.150	0.200	0.100

工作内容：装调技术准备、接口正确性检查确认、系统联调。　　计量单位：套

定额编号					01028005	01028006	01028007	01028008
项目名称					服务器操作软件			
					单核	双核	四核	> 四核
预算基价					2141.72	3214.11	4713.28	5380.83
其中	人工费（元）				2099.00	3148.50	4617.80	5247.50
	材料费（元）				13.39	18.28	21.15	23.00
	机械费（元）				—	—	—	—
	仪器仪表费（元）				29.33	47.33	74.33	110.33
	名称	代号	单位	单价（元）	数量			
人工	调试工	1003	工日	209.90	10.000	15.000	22.000	25.000
材料	其他材料费	2999	元	—	13.390	18.280	21.150	23.000
仪器仪表	便携式计算机	4311	台班	18.000	1.500	2.500	4.000	6.000
	打印机	4270	台班	23.320	0.100	0.100	0.100	0.100

工作内容：装调技术准备、接口正确性检查确认、系统联调。 计量单位：套

定额编号					01028009	01028010	01028011	01028012
项目名称					办公软件	工具软件	工作站操作系统	专业工作站软件
预算基价					211.70	318.45	423.40	638.70
其中	人工费（元）				209.90	314.85	419.80	629.70
	材料费（元）				—	—	—	—
	机械费（元）				—	—	—	—
	仪器仪表费（元）				1.80	3.60	3.60	9.00
名称		代号	单位	单价（元）	数量			
人工	调试工	1003	工日	209.900	1.000	1.500	2.000	3.000
仪器仪表	便携式计算机	4311	台班	18.000	0.100	0.200	0.200	0.500

第二章
综合布线系统工程

说明及工程量计算规则

说　　明

1. 本章主要内容包括：基础辅助工程，双绞线缆敷设、光缆敷设，漏泄同轴电缆架设、同轴电缆敷设、电话线敷设和综合布线，系统调试及试运行等。

2. 本章所涉及双绞线缆的敷设及配线架、跳线架等的安装、打接定额量，是按超五类非屏蔽布线系统编制的，高于超五类的布线工程所用定额子目的人工工日乘以系数1.1，屏蔽系统的人工工日乘以系数1.2。

3. 在已建天棚内敷设线缆时，所用定额子目的人工工日乘以系数1.5。

工程量计算规则

1. 双绞线缆、光缆、漏泄同轴电缆、电话线和广播线敷设、穿放、明布放，以“m”计算。电缆附加及预留长度是电缆敷设长度的组成部分，应计入电缆长度工程量之内。

2. 制作跳线以“条”计算，卡接双绞线缆以“对”计算，跳线架、配线架安装以“条”计算。

3. 安装各类信息插座、过线（路）盒、信息插座底盒（接线盒）、光缆终端盒和跳块打接以“个”计算。

4. 光纤连接以“芯”（磨制法以“端口”）计算。

5. 布放尾纤以“芯”计算。

6. 光缆敷设以“m”计算。

7. 光缆接续以“头”计算。

8. 制作光缆成端接头以“套”计算。

9. 安装漏泄同轴电缆接头以“个”计算。

10. 机柜、机架、抗振底座安装以“台”计算。

11. 双绞线缆、大对数电缆、光纤测试以“链路”计算。

12. 综合布线的调试、试运行以“系统”计算。

第一节 基础辅助工程

一、安装过线（路）盒、信息插座底盒（接线盒）

工作内容：定位、划线、开孔、安装盒体、连接处密封、做标记。　　计量单位：个

定额编号					02001001	02001002	02001003	02001004
项目名称					安装接线箱（半周长）		安装过线（路）盒（半周长）	
					≤ 700	> 700	≤ 200	> 200
预算基价					115.36	138.92	5.83	18.95
其中	人工费（元）				52.49	75.82	5.83	18.95
	材料费（元）				62.87	63.10	—	—
	机械费（元）				—	—	—	—
	仪器仪表费（元）				—	—	—	—
名称		代号	单位	单价（元）	数量			
人工	安装工	1002	工日	145.80	0.360	0.520	0.040	0.130
材料	过线（路）盒	213482	个	—	—	—	（1.000）	（1.000）
	接线端子箱	219088	个	—	（1.000）	（1.000）	—	—
	铜端子 16	213122	个	12.000	2.020	2.020	—	—
	铜芯聚氯乙烯绝缘电线 BV–16	214013	m	11.640	3.060	3.060	—	—
	其他材料费	2999	元	—	3.010	3.240	—	—

工作内容：定位、划线、开孔、安装盒体、连接处密封。　　计量单位：个

定额编号					02001005	02001006	02001007	02001008	02001009
项目名称					安装信息插座底盒（接线盒）				
					明装	砖墙内	混凝土墙内	木地板内	防静电钢制地板内
预算基价					6.59	15.05	19.71	13.01	25.25
其中	人工费（元）				5.83	14.29	18.95	12.25	24.49
	材料费（元）				0.76	0.76	0.76	0.76	0.76
	机械费（元）				—	—	—	—	—
	仪器仪表费（元）				—	—	—	—	—
名称		代号	单位	单价（元）	数量				
人工	安装工	1002	工日	145.80	0.040	0.098	0.130	0.084	0.168
材料	信息插座底盒或接线盒	213483	个	—	（1.010）	（1.010）	（1.010）	（1.010）	（1.010）
	其他材料费	2999	元	—	0.760	0.760	0.760	0.760	0.760

二、安装机柜、机架、抗振底座

工作内容：开箱检查、划线、定位、设备组装、接线、接地、本体安装等。　　计量单位：台

定额编号					02002001	02002002	02002003	02002004
项目名称					安装机柜、机架		机柜通风散热装置	安装抗振底座
					落地式	墙挂式（600×600）		
预算基价					373.39	184.49	55.01	175.86
其中	人工费（元）				291.60	94.77	36.45	145.80
	材料费（元）				81.64	89.57	18.41	30.06
	机械费（元）				—	—	—	—
	仪器仪表费（元）				0.15	0.15	0.15	—
名　称		代号	单位	单价（元）	数　量			
人工	安装工	1002	工日	145.80	2.000	0.650	0.250	1.000
材料	抗振底座	216101	个	—	—	—	—	（1.000）
	机柜（机架）	216100	个	—	（1.000）	（1.000）	—	—
	铜芯聚氯乙烯绝缘电线 BV–6	214011	m	4.340	—	—	2.040	—
	铜端子 6	213120	个	4.550	—	—	2.040	—
	铜芯聚氯乙烯绝缘电线 BV–16	214013	m	11.640	2.020	3.030	—	—
	铜端子 16	213122	个	12.000	2.020	2.020	—	—
	其他材料费	2999	元	—	33.890	30.060	0.270	30.060
仪器仪表	接地电阻检测仪	4287	台班	14.510	0.010	0.010	0.010	—

第二节　敷设双绞线缆

一、穿放、布放双绞线缆

工作内容：检查、抽测电缆、清理管道 / 线槽 / 桥架、布放、绑扎电缆、封堵出口等。　　计量单位：m

定额编号					02003001	02003002	02003003
项目名称					管内穿放	线槽内布放	桥架内布放
					4 对以内		
预算基价					1.95	1.80	1.65
其中	人工费（元）				1.90	1.75	1.60
	材料费（元）				0.04	0.04	0.04
	机械费（元）				—	—	—
	仪器仪表费（元）				0.01	0.01	0.01
	名　称	代号	单位	单价（元）	数　量		
人工	安装工	1002	工日	145.80	0.013	0.012	0.011
材料	双绞线缆	214100	条	—	（1.050）	（1.050）	（1.050）
	其他材料费	2999	元	—	0.040	0.040	0.040
仪器仪表	对讲机	4164	台班	1.500	0.005	0.005	0.005
	数字多用表	4045	台班	3.600	0.001	0.001	0.001

二、穿放、布放大对数线缆

工作内容：检查、抽测电缆、清理管道、制作穿线端头（钩）、穿放引线、穿放电缆、封堵出口等。　　计量单位：m

定额编号					02004001	02004002	02004003	02004004
项目名称					管内穿放（对以内）			
					25	50	100	200
预算基价					2.41	3.33	4.83	6.79
其中	人工费（元）				2.33	3.21	4.67	6.56
	材料费（元）				0.06	0.09	0.11	0.14
	机械费（元）				—	—	—	—
	仪器仪表费（元）				0.02	0.03	0.05	0.09
	名　称	代号	单位	单价（元）	数　量			
人工	安装工	1002	工日	145.80	0.016	0.022	0.032	0.045
材料	双绞线缆	214100	条	—	（1.020）	（1.020）	（1.020）	（1.020）
	其他材料费	2999	元	—	0.060	0.090	0.110	0.140
仪器仪表	对讲机	4164	台班	1.500	0.007	0.010	0.015	0.020
	数字多用表	4045	台班	3.600	0.002	0.004	0.008	0.016

工作内容：检查、抽测电缆、清理线槽、制作穿线端头（钩）、穿放引线、穿放电缆、封堵出口等。

计量单位：m

定额编号					02004005	02004006	02004007	02004008
项目名称					线槽内穿放（对以内）			
					25	50	100	200
预算基价					2.36	3.18	4.39	6.06
其中	人工费（元）				2.19	3.06	4.23	5.83
	材料费（元）				0.06	0.09	0.11	0.14
	机械费（元）				—	—	—	—
	仪器仪表费（元）				0.11	0.03	0.05	0.09
名称		代号	单位	单价（元）	数量			
人工	安装工	1002	工日	145.80	0.015	0.021	0.029	0.040
材料	双绞线缆	214100	条	—	（1.025）	（1.025）	（1.025）	（1.025）
	其他材料费	2999	元	—	0.060	0.090	0.110	0.140
仪器仪表	对讲机	4164	台班	1.500	0.070	0.010	0.015	0.020
	数字多用表	4045	台班	3.600	0.002	0.004	0.008	0.016

工作内容：检查、抽测电缆、清理桥架、制作穿线端头（钩）、穿放引线、穿放电缆、封堵出口等。

计量单位：m

定额编号					02004009	02004010	02004011	02004012
项目名称					桥架内穿放（对以内）			
					25	50	100	200
预算基价					2.21	2.89	4.10	5.77
其中	人工费（元）				2.04	2.77	3.94	5.54
	材料费（元）				0.06	0.09	0.11	0.14
	机械费（元）				—	—	—	—
	仪器仪表费（元）				0.11	0.03	0.05	0.09
名称		代号	单位	单价（元）	数量			
人工	安装工	1002	工日	145.80	0.014	0.019	0.027	0.038
材料	双绞线缆	214100	条	—	（1.025）	（1.025）	（1.025）	（1.025）
	其他材料费	2999	元	—	0.060	0.090	0.110	0.140
仪器仪表	对讲机	4164	台班	1.500	0.070	0.010	0.015	0.020
	数字多用表	4045	台班	3.600	0.002	0.004	0.008	0.016

三、制作和卡接跳线线缆

工作内容：1. 制作跳线：量裁线缆、线缆与跳线连接器的安装卡接、做屏蔽、检查测试等。

2. 卡接双绞线缆：编扎固定线缆、卡线、核对线序、安装固定接线模块（跳线盘）、做标记等。

计量单位：条

定额编号					02005001	02005002	02005003	02005004
项目名称					制作卡接跳线	安装跳线	跳线卡接	光纤跳线
					条	条	对	条
预算基价					23.88	7.69	2.92	14.98
其中	人工费（元）				11.66	7.29	2.92	14.58
	材料费（元）				—	0.40	—	0.40
	机械费（元）				—	—	—	—
	仪器仪表费（元）				12.22	—	—	—
	名称	代号	单位	单价（元）	数量			
人工	安装工	1002	工日	145.80	0.080	0.050	0.020	0.100
材料	光纤跳线	214105	条	—	—	（1.000）	—	（1.000）
	跳线连接器	216056	个	—	（2.020）	—	—	—
	双绞线缆	214100	条	—	（1.000）	—	—	—
	其他材料费	2999	元	—	—	0.400	—	0.400
仪器仪表	网络测试仪	4322	台班	305.440	0.040	—	—	—

工作内容：检查、接线、测试。

计量单位：个

定额编号					02005005	02005006	02005007	02005008	02005009
项目名称					BNC 插头	RJ45RJ11	F 型插头	VGA 插头	有线电视接头
预算基价					17.99	11.94	10.70	29.65	17.81
其中	人工费（元）				17.50	8.75	10.21	29.16	14.58
	材料费（元）				0.45	0.14	0.45	0.45	0.14
	机械费（元）				—	—	—	—	—
	仪器仪表费（元）				0.04	3.05	0.04	0.04	3.09
	名称	代号	单位	单价（元）	数量				
人工	安装工	1002	工日	145.80	0.120	0.060	0.070	0.200	0.100
材料	F 型插头 75-7 以下	213403	个	—	—	—	（1.010）	—	—
	VGA 插头	213405	个	—	—	—	—	（1.010）	—
	有线电视接头	213425	个	—	—	—	—	—	（1.010）
	BNC 插头	213406	个	—	（1.010）	—	—	—	—
	冷压接线端头 RJ45	213400	个	—	—	（1.010）	—	—	—
	其他材料费	2999	元	—	0.450	0.140	0.450	0.450	0.140
仪器仪表	网络测试仪	4322	台班	305.440	—	0.010	—	—	0.010
	数字多用表	4045	台班	3.600	0.010	—	0.010	0.010	0.010

工作内容：检查、接线、测试。

计量单位：个

定额编号					02005010	02005011	02005012
项目名称					端子头	压接针	
						≤ 100	＞ 100，每增加 20
预算基价					1.89	72.90	14.58
其中	人工费（元）				1.75	72.90	14.58
	材料费（元）				0.14	—	—
	机械费（元）				—	—	—
	仪器仪表费（元）				—	—	—
名称		代号	单位	单价（元）	数量		
人工	安装工	1002	工日	145.80	0.012	0.500	0.100
材料	压接针	213408	个	—	—	（105.000）	（21.000）
	铜端子 6	213120	个	—	（1.020）	—	—
	其他材料费	2999	元	—	0.140	—	—

工作内容：本体安装、编扎固定线缆等。

计量单位：个

定额编号					02005013	02005014
项目名称					线管理器	
					1U	2U
预算基价					18.05	24.99
其中	人工费（元）				14.58	14.58
	材料费（元）				3.47	10.41
	机械费（元）				—	—
	仪器仪表费（元）				—	—
名称		代号	单位	单价（元）	数量	
人工	安装工	1002	工日	145.80	0.100	0.100
材料	线管理器	212470	个	—	（1.010）	（1.010）
	其他材料费	2999	元	—	3.470	10.410

四、安 装 标 识

工作内容：编辑、核对、打印标签，核对线号、粘贴、固定、检查、清理。　　计量单位：个

定额编号					02006001	02006002	02006003	02006004
项目名称					线缆标识			设备标签
					机打标签	扎带固定标识牌	线码管	
预算基价					8.81	11.23	6.98	19.25
其中	人工费（元）				4.37	5.83	5.83	7.29
	材料费（元）				4.36	5.32	1.05	11.76
	机械费（元）				0.08	0.08	0.10	0.20
	仪器仪表费（元）				—	—	—	—
名称		代号	单位	单价（元）	数量			
人工	安装工	1002	工日	145.80	0.030	0.040	0.040	0.050
材料	线码管 内径 5.0	218007	m	20.000	—	—	0.050	—
	标签纸 50 页 / 本	218103	本	11.630	—	—	—	1.000
	塑料 PVC 标识牌	218006	个	5.000	—	1.050	—	—
	色带	216021	卷	43.000	0.100	—	—	—
	其他材料费	2999	元	—	0.060	0.070	0.050	0.130
机械	其他机具费	3999	元	—	0.080	0.080	0.100	0.200

五、信 息 插 座

工作内容：安装盒体 / 面板、接线、连接处密封。　　计量单位：个

定额编号					02007001	02007002	02007003	02007004
项目名称					安装 8 位模块式信息插座			跳块打接
					单口	双口	四口	
预算基价					8.95	13.32	22.07	1.96
其中	人工费（元）				8.75	13.12	21.87	1.46
	材料费（元）				0.20	0.20	0.20	—
	机械费（元）				—	—	—	0.50
	仪器仪表费（元）				—	—	—	—
名称		代号	单位	单价（元）	数量			
人工	安装工	1002	工日	145.80	0.060	0.090	0.150	0.010
材料	信息插座底盒或接线盒	213483	个	—	（1.010）	（1.010）	（1.010）	—
	其他材料费	2999	元	—	0.200	0.200	0.200	—
机械	其他机具费	3999	元	—	—	—	—	0.500

六、双绞线缆测试

工作内容：测试、记录、完成测试报告。　　　　计量单位：链路

定额编号					02008001	02008002
项目名称					双绞线缆链路测试	大对数线缆测试
预算基价					16.01	5.61
其中	人工费（元）				6.30	2.10
	材料费（元）				0.09	—
	机械费（元）				—	—
	仪器仪表费（元）				9.62	3.51
	名　称	代号	单位	单价（元）	数量	
人工	调试工	1003	工日	209.90	0.030	0.010
材料	其他材料费	2999	元	—	0.090	—
仪器仪表	对讲机	4164	台班	1.500	0.030	0.030
	便携式计算机	4311	台班	18.000	0.010	0.010
	打印机	4270	台班	23.320	0.010	0.010
	网络测试仪	4322	台班	305.440	0.030	0.010

第三节　敷设光缆

一、敷设光缆

工作内容：检查、测试电缆、清理管道、制作穿线端头（钩）、穿放引线、穿放电缆、出口衬垫、封堵出口等。　　　　计量单位：m

定额编号					02009001	02009002	02009003	02009004
项目名称					管内穿放			
					≤ 12 芯	≤ 36 芯	≤ 72 芯	≤ 144 芯
预算基价					1.78	2.95	3.98	5.14
其中	人工费（元）				1.75	2.92	3.94	5.10
	材料费（元）				0.02	0.02	0.02	0.02
	机械费（元）				—	—	—	—
	仪器仪表费（元）				0.01	0.01	0.02	0.02
	名　称	代号	单位	单价（元）	数量			
人工	安装工	1002	工日	145.80	0.012	0.020	0.027	0.035
材料	光缆	214101	m	—	（1.020）	（1.020）	（1.020）	（1.020）
	其他材料费	2999	元	—	0.020	0.020	0.020	0.020
仪器仪表	对讲机	4164	台班	1.500	0.005	0.008	0.010	0.010

工作内容：检查、测试电缆、清理线道、布放、绑扎电缆、加垫套、封堵出口等。　　计量单位：m

定额编号					02009005	02009006	02009007	02009008
项目名称					线槽内穿放			
					≤ 12 芯	≤ 36 芯	≤ 72 芯	≤ 144 芯
预算基价					3.55	4.58	5.02	6.04
其中	人工费（元）				3.35	4.37	4.81	5.83
	材料费（元）				0.20	0.20	0.20	0.20
	机械费（元）				—	—	—	—
	仪器仪表费（元）				—	0.01	0.01	0.01
名称		代号	单位	单价（元）	数量			
人工	安装工	1002	工日	145.80	0.023	0.030	0.033	0.040
材料	光缆	214101	m	—	(1.020)	(1.020)	(1.020)	(1.020)
	其他材料费	2999	元	—	0.200	0.200	0.200	0.200
仪器仪表	对讲机	4164	台班	1.500	0.003	0.005	0.005	0.005

工作内容：检查、测试电缆、清理桥架、布放、绑扎电缆、加垫套、封堵出口等。　　计量单位：m

定额编号					02009009	02009010	02009011	02009012
项目名称					桥架内穿放			
					≤ 12 芯	≤ 36 芯	≤ 72 芯	≤ 144 芯
预算基价					1.37	2.40	2.83	3.42
其中	人工费（元）				1.17	2.19	2.62	3.21
	材料费（元）				0.20	0.20	0.20	0.20
	机械费（元）				—	—	—	—
	仪器仪表费（元）				—	0.01	0.01	0.01
名称		代号	单位	单价（元）	数量			
人工	安装工	1002	工日	145.80	0.008	0.015	0.018	0.022
材料	光缆	214101	m	—	(1.020)	(1.020)	(1.020)	(1.020)
	其他材料费	2999	元	—	0.200	0.200	0.200	0.200
仪器仪表	对讲机	4164	台班	1.500	0.003	0.005	0.005	0.005

二、光纤信息插座安装

工作内容：安装盒体 / 面板、接线、连接处密封。　　计量单位：个

定额编号					02010001	02010002
项目名称					单口	双口
预算基价					4.52	6.61
其中	人工费（元）				4.37	5.83
	材料费（元）				0.15	0.78
	机械费（元）				—	—
	仪器仪表费（元）				—	—
名称		代号	单位	单价（元）	数量	
人工	安装工	1002	工日	145.80	0.030	0.040
材料	信息插座底盒或接线盒	213483	个	—	（1.010）	（1.010）
	其他材料费	2999	元	—	0.150	0.780

三、连接盘安装、光纤连接

工作内容：1. 安装光纤连接盘：安装盒体 / 面板、接线、连接处密封。
2. 光纤连接：端面处理、纤芯连接、测试、包封护套、盘绕、固定光纤等。
3. 制作光纤连接器：制装接头、磨制、测试等。

定额编号					02011001	02011002	02011003
项目名称					安装光纤连接盘（块）	光纤连接（芯）	
						机械法	
						单模	多模
预算基价					94.77	67.26	54.14
其中	人工费（元）				94.77	62.69	49.57
	材料费（元）				—	1.28	1.28
	机械费（元）				—	—	—
	仪器仪表费（元）				—	3.29	3.29
名称		代号	单位	单价（元）	数量		
人工	安装工	1002	工日	145.80	0.650	0.430	0.340
材料	光纤连接器材	216060	套	—	—	（1.010）	（1.010）
	光纤连接盘	216059	块	—	（1.010）	—	—
	其他材料费	2999	元	—	—	1.280	1.280
仪器仪表	光纤测试仪	4101	台班	329.430	—	0.010	0.010

工作内容：端面处理、纤芯连接、测试、包封护套、盘绕、固定光纤等。　　计量单位：芯

<table>
<tr><td colspan="5">定 额 编 号</td><td>02011004</td><td>02011005</td><td>02011006</td><td>02011007</td></tr>
<tr><td colspan="5" rowspan="3">项 目 名 称</td><td colspan="4">光 纤 连 接</td></tr>
<tr><td colspan="2">熔接法</td><td colspan="2">磨制法（端口）</td></tr>
<tr><td>单模</td><td>多模</td><td>单模</td><td>多模</td></tr>
<tr><td colspan="5">预 算 基 价</td><td>41.48</td><td>41.48</td><td>77.47</td><td>70.18</td></tr>
<tr><td rowspan="4">其中</td><td colspan="4">人工费（元）</td><td>21.87</td><td>21.87</td><td>72.90</td><td>65.61</td></tr>
<tr><td colspan="4">材料费（元）</td><td>1.28</td><td>1.28</td><td>1.28</td><td>1.28</td></tr>
<tr><td colspan="4">机械费（元）</td><td>—</td><td>—</td><td>—</td><td>—</td></tr>
<tr><td colspan="4">仪器仪表费（元）</td><td>18.33</td><td>18.33</td><td>3.29</td><td>3.29</td></tr>
<tr><td colspan="2">名　　称</td><td>代号</td><td>单位</td><td>单价（元）</td><td colspan="4">数　量</td></tr>
<tr><td>人工</td><td>安装工</td><td>1002</td><td>工日</td><td>145.80</td><td>0.150</td><td>0.150</td><td>0.500</td><td>0.450</td></tr>
<tr><td rowspan="3">材料</td><td>磨制光纤连接器材</td><td>216061</td><td>套</td><td>—</td><td>—</td><td>—</td><td>（1.050）</td><td>（1.050）</td></tr>
<tr><td>光纤连接器材</td><td>216060</td><td>套</td><td>—</td><td>（1.010）</td><td>（1.010）</td><td>—</td><td>—</td></tr>
<tr><td>其他材料费</td><td>2999</td><td>元</td><td>—</td><td>1.280</td><td>1.280</td><td>1.280</td><td>1.280</td></tr>
<tr><td rowspan="2">仪器仪表</td><td>光纤测试仪</td><td>4101</td><td>台班</td><td>329.430</td><td>—</td><td>—</td><td>0.010</td><td>0.010</td></tr>
<tr><td>光纤熔接机</td><td>4100</td><td>台班</td><td>183.250</td><td>0.100</td><td>0.100</td><td>—</td><td>—</td></tr>
</table>

四、布 放 尾 纤

工作内容：光纤熔接、测试衰耗、固定光纤连接器、盘留固定。　　计量单位：条

<table>
<tr><td colspan="5">定 额 编 号</td><td>02012001</td><td>02012002</td><td>02012003</td></tr>
<tr><td colspan="5">项 目 名 称</td><td>终端盒至光纤配线架</td><td>光纤配线架至设备</td><td>光纤配线架架内跳线</td></tr>
<tr><td colspan="5">预 算 基 价</td><td>32.39</td><td>19.11</td><td>23.26</td></tr>
<tr><td rowspan="4">其中</td><td colspan="4">人工费（元）</td><td>29.16</td><td>14.58</td><td>21.87</td></tr>
<tr><td colspan="4">材料费（元）</td><td>0.09</td><td>0.09</td><td>0.09</td></tr>
<tr><td colspan="4">机械费（元）</td><td>—</td><td>—</td><td>—</td></tr>
<tr><td colspan="4">仪器仪表费（元）</td><td>3.14</td><td>4.44</td><td>1.30</td></tr>
<tr><td colspan="2">名　　称</td><td>代号</td><td>单位</td><td>单价（元）</td><td colspan="3">数　量</td></tr>
<tr><td>人工</td><td>安装工</td><td>1002</td><td>工日</td><td>145.80</td><td>0.200</td><td>0.100</td><td>0.150</td></tr>
<tr><td rowspan="2">材料</td><td>尾纤 10m 双头</td><td>214103</td><td>条</td><td>—</td><td>（1.000）</td><td>（1.000）</td><td>（1.000）</td></tr>
<tr><td>其他材料费</td><td>2999</td><td>元</td><td>—</td><td>0.090</td><td>0.090</td><td>0.090</td></tr>
<tr><td rowspan="2">仪器仪表</td><td>光纤熔接机</td><td>4100</td><td>台班</td><td>183.250</td><td>0.010</td><td>0.010</td><td>—</td></tr>
<tr><td>手持光损耗测试仪</td><td>4086</td><td>台班</td><td>26.090</td><td>0.050</td><td>0.100</td><td>0.050</td></tr>
</table>

五、安装配线架和跳线架

工作内容：1. 配线架：安装配线架、卡接双绞线缆、编扎固定双绞线缆、核对线序等。
2. 电子配线架：安装配线架、卡接双绞线缆、编扎固定双绞线缆、核对线序、安装电子配线架附件等。
3. 跳线架：安装跳线架、编扎固定双绞线缆、卡线、核对线序等。

计量单位：架

定额编号					02013001	02013002	02013003	02013004
项目名称					配线架			
					12 口	24 口	48 口	96 口
预算基价					129.96	282.44	551.54	1177.24
其中	人工费（元）				116.64	262.44	524.88	1137.24
	材料费（元）				13.32	20.00	26.66	40.00
	机械费（元）				—	—	—	—
	仪器仪表费（元）				—	—	—	—
名称		代号	单位	单价（元）	数量			
人工	安装工	1002	工日	145.80	0.800	1.800	3.600	7.800
材料	其他材料费	2999	元	—	13.320	20.000	26.660	40.000

工作内容：电子配线架：安装配线架、卡接双绞线缆、编扎固定双绞线缆、核对线序、安装电子配线架附件等。

计量单位：架

定额编号					02013005	02013006
项目名称					电子配线架	
					≤ 24	＞ 24
预算基价					311.60	609.86
其中	人工费（元）				291.60	583.20
	材料费（元）				20.00	26.66
	机械费（元）				—	—
	仪器仪表费（元）				—	—
名称		代号	单位	单价（元）	数量	
人工	安装工	1002	工日	145.80	2.000	4.000
材料	其他材料费	2999	元	—	20.000	26.660

工作内容：安装跳线架、编扎固定双绞线缆、卡线、核对线序等。　　计量单位：架

定 额 编 号					02013007	02013008	02013009	02013010
项 目 名 称					跳 线 架			
					50 对	100 对	200 对	400 对
预 算 基 价					125.55	232.03	457.40	901.46
其中	人工费（元）				116.64	218.70	437.40	874.80
	材料费（元）				8.91	13.33	20.00	26.66
	机械费（元）				—	—	—	—
	仪器仪表费（元）				—	—	—	—
名 称		代号	单位	单价（元）	数 量			
人工	安装工	1002	工日	145.80	0.800	1.500	3.000	6.000
材料	其他材料费	2999	元	—	8.910	13.330	20.000	26.660

六、安装测试光缆终端盒

工作内容：安装光纤盒、安装连接耦合器、光纤的盘留固定、尾纤端头连接等。　　计量单位：个

定 额 编 号					02014001	02014002	02014003
项 目 名 称					≤ 12 芯	≤ 24 芯	≤ 48 芯
预 算 基 价					80.34	89.71	152.21
其中	人工费（元）				72.90	81.65	139.97
	材料费（元）				2.22	2.22	2.22
	机械费（元）				—	—	—
	仪器仪表费（元）				5.22	5.84	10.02
名 称		代号	单位	单价（元）	数 量		
人工	安装工	1002	工日	145.80	0.500	0.560	0.960
材料	光缆终端盒 20 芯	216062	个	—	（1.000）	（1.000）	（1.000）
	其他材料费	2999	元	—	2.220	2.220	2.220
仪器仪表	手持光损耗测试仪	4086	台班	26.090	0.200	0.224	0.384

工作内容：安装光纤盒、安装连接耦合器、光纤的盘留固定、尾纤端头联接等。　　　　计量单位：个

定 额 编 号					02014004	02014005	02014006
项 目 名 称					≤ 72 芯	≤ 96 芯	≤ 144 芯
预 算 基 价					227.22	302.22	391.79
其中	人工费（元）				209.95	279.94	364.50
	材料费（元）				2.24	2.24	2.24
	机械费（元）				—	—	—
	仪器仪表费（元）				15.03	20.04	25.05
名 称		代号	单位	单价（元）	数 量		
人工	安装工	1002	工日	145.80	1.440	1.920	2.500
材料	光缆终端盒 20 芯	216062	个	—	（1.000）	（1.000）	（1.000）
	其他材料费	2999	元	—	2.240	2.240	2.240
仪器仪表	手持光损耗测试仪	4086	台班	26.090	0.576	0.768	0.960

七、光 纤 测 试

工作内容：测试、记录数据、完成测试报告。　　　　计量单位：链路

定 额 编 号					02015001
项 目 名 称					光纤链路测试
预 算 基 价					20.78
其中	人工费（元）				10.50
	材料费（元）				0.09
	机械费（元）				—
	仪器仪表费（元）				10.19
名 称		代号	单位	单价（元）	数 量
人工	调试工	1003	工日	209.90	0.050
材料	其他材料费	2999	元	—	0.090
仪器仪表	光纤测试仪	4101	台班	329.430	0.030
	对讲机	4164	台班	1.500	0.050
	打印机	4270	台班	23.320	0.010

第四节　架设漏泄同轴电缆

一、布放漏泄同轴电缆

工作内容：定位、钻孔、固定支架、电缆布放、吊挂。　　计量单位：m

定额编号					02016001	02016002	02016003	02016004
项目名称					地下		地上	漏泄电缆与电力电缆同杆架设
					无衬砌	有衬砌		
预算基价					35.07	28.83	22.34	6.12
其中	人工费（元）				26.24	24.79	14.58	2.92
	材料费（元）				8.77	3.98	7.71	2.63
	机械费（元）				—	—	—	0.45
	仪器仪表费（元）				0.06	0.06	0.05	0.12
	名称	代号	单位	单价（元）	数量			
人工	安装工	1002	工日	145.80	0.180	0.170	0.100	0.020
材料	漏泄同轴电缆 400MHz	214225	m	—	（1.020）	（1.020）	（1.020）	（1.020）
	其他材料费	2999	元	—	8.770	3.980	7.710	2.630
机械	载货汽车 4t	3030	台班	445.940	—	—	—	0.001
仪器仪表	其他仪器仪表费	4999	元	—	0.060	0.060	0.045	0.120

二、安装漏泄同轴电缆接头

工作内容：钻孔、固定支架、安装、做接头、缠绑。　　计量单位：个

定额编号					02017001	02017002	02017003	02017004	02017005
项目名称					调相接头		固定接头	终端负载	终端接头
					地下	地上			地下
预算基价					395.62	556.77	216.87	164.67	173.76
其中	人工费（元）				364.50	437.40	189.54	145.80	145.80
	材料费（元）				31.12	119.37	27.33	18.87	27.96
	机械费（元）				—	—	—	—	—
	仪器仪表费（元）				—	—	—	—	—
	名称	代号	单位	单价（元）	数量				
人工	安装工	1002	工日	145.80	2.500	3.000	1.300	1.000	1.000
材料	U 型穿钉 R90	207707	根	10.240	—	2.020	—	—	—
	三眼双槽夹板	207713	套	12.100	—	2.020	—	—	—
	拉线环 大号	207714	个	2.840	—	—	2.020	—	—
	镀锌膨胀螺栓 ϕ12	207165	套	3.144	—	4.080	—	—	—
	镀锌扁钢拉板 4×40×180	207715	个	2.200	—	8.400	—	—	—
	接头固定夹 3×30×160（带螺栓）	207712	副	3.130	2.020	2.020	1.010	1.010	1.010
	镀锌铁丝 $13^{\#}$ ~ $17^{\#}$	207234	kg	8.500	0.030	0.030	0.030	0.030	0.030
	钢丝绳轧头 ϕ10	201201	个	4.500	4.040	8.080	4.040	2.020	4.040
	膨胀螺栓 ϕ12	207161	套	1.560	4.080	—	—	4.080	4.080

工作内容：钻孔、固定支架、安装、做接头、缠绑。　　计量单位：个

定额编号					02017006
项目名称					终端接头 地上
预算基价					224.08
其中	人工费（元）				145.80
	材料费（元）				78.28
	机械费（元）				—
	仪器仪表费（元）				—
名称		代号	单位	单价（元）	数量
人工	安装工	1002	工日	145.80	1.000
材料	三眼双槽夹板	207713	套	12.100	1.010
	接头固定夹 3×30×160（带螺栓）	207712	副	3.130	1.010
	钢丝绳轧头 $\phi10$	201201	个	4.500	4.040
	镀锌铁丝 13#～17#	207234	kg	8.500	0.030
	拉线环 大号	207714	个	2.840	4.040
	双拉线铁箍 R90 8×50	207709	副	16.330	2.020

第五节　敷设多芯电缆

工作内容：运输、开箱、线缆检查、编号、安装（布放、穿放）、断线、固定、临时封头、清理场地。　　计量单位：m

定额编号					02018001	02018002	02018003	02018004	02018005
项目名称					室内槽道中安装				
					≤6芯	≤12芯	≤25芯	≤50芯	≤100芯
预算基价					0.80	1.24	1.68	3.30	5.50
其中	人工费（元）				0.73	1.17	1.60	3.21	5.39
	材料费（元）				0.06	0.06	0.06	0.06	0.06
	机械费（元）				—	—	—	—	—
	仪器仪表费（元）				0.01	0.01	0.02	0.03	0.05
名称		代号	单位	单价（元）	数量				
人工	安装工	1002	工日	145.80	0.005	0.008	0.011	0.022	0.037
材料	多芯电缆	214240	m	—	（1.020）	（1.020）	（1.020）	（1.020）	（1.020）
	其他材料费	2999	元	—	0.060	0.060	0.060	0.060	0.060
仪器仪表	其他仪器仪表费	4999	元	—	0.010	0.013	0.019	0.034	0.052

工作内容：运输、开箱、线缆检查、编号、安装（布放、穿放）、断线、固定、临时封头、清理场地。

计量单位：m

<table>
<tr><td colspan="5">定 额 编 号</td><td>02018006</td><td>02018007</td><td>02018008</td><td>02018009</td><td>02018010</td></tr>
<tr><td colspan="5" rowspan="2">项 目 名 称</td><td colspan="5">室内沿桥架 / 支架安装</td></tr>
<tr><td>≤ 6 芯</td><td>≤ 12 芯</td><td>≤ 25 芯</td><td>≤ 50 芯</td><td>≤ 100 芯</td></tr>
<tr><td colspan="5">预 算 基 价</td><td>0.94</td><td>1.83</td><td>2.71</td><td>4.18</td><td>5.81</td></tr>
<tr><td rowspan="4">其中</td><td colspan="4">人工费（元）</td><td>0.87</td><td>1.75</td><td>2.62</td><td>4.08</td><td>5.69</td></tr>
<tr><td colspan="4">材料费（元）</td><td>0.06</td><td>0.06</td><td>0.06</td><td>0.06</td><td>0.06</td></tr>
<tr><td colspan="4">机械费（元）</td><td>—</td><td>—</td><td>—</td><td>—</td><td>—</td></tr>
<tr><td colspan="4">仪器仪表费（元）</td><td>0.01</td><td>0.02</td><td>0.03</td><td>0.04</td><td>0.06</td></tr>
<tr><td colspan="2">名 称</td><td>代号</td><td>单位</td><td>单价（元）</td><td colspan="5">数 量</td></tr>
<tr><td>人工</td><td>安装工</td><td>1002</td><td>工日</td><td>145.80</td><td>0.006</td><td>0.012</td><td>0.018</td><td>0.028</td><td>0.039</td></tr>
<tr><td rowspan="2">材料</td><td>多芯电缆</td><td>214240</td><td>m</td><td>—</td><td>（1.020）</td><td>（1.020）</td><td>（1.020）</td><td>（1.020）</td><td>（1.020）</td></tr>
<tr><td>其他材料费</td><td>2999</td><td>元</td><td>—</td><td>0.060</td><td>0.060</td><td>0.060</td><td>0.060</td><td>0.060</td></tr>
<tr><td>仪器仪表</td><td>其他仪器仪表费</td><td>4999</td><td>元</td><td>—</td><td>0.011</td><td>0.016</td><td>0.025</td><td>0.040</td><td>0.060</td></tr>
</table>

工作内容：运输、开箱、线缆检查、编号、安装（布放、穿放）、断线、固定、临时封头、清理场地。

计量单位：m

<table>
<tr><td colspan="5">定 额 编 号</td><td>02018011</td><td>02018012</td><td>02018013</td><td>02018014</td><td>02018015</td></tr>
<tr><td colspan="5" rowspan="2">项 目 名 称</td><td colspan="5">室内管道中安装</td></tr>
<tr><td>≤ 6 芯</td><td>≤ 12 芯</td><td>≤ 25 芯</td><td>≤ 50 芯</td><td>≤ 100 芯</td></tr>
<tr><td colspan="5">预 算 基 价</td><td>1.15</td><td>2.18</td><td>2.92</td><td>2.35</td><td>5.87</td></tr>
<tr><td rowspan="4">其中</td><td colspan="4">人工费（元）</td><td>1.02</td><td>2.04</td><td>2.77</td><td>2.19</td><td>5.54</td></tr>
<tr><td colspan="4">材料费（元）</td><td>0.12</td><td>0.12</td><td>0.12</td><td>0.12</td><td>0.27</td></tr>
<tr><td colspan="4">机械费（元）</td><td>—</td><td>—</td><td>—</td><td>—</td><td>—</td></tr>
<tr><td colspan="4">仪器仪表费（元）</td><td>0.01</td><td>0.02</td><td>0.03</td><td>0.04</td><td>0.06</td></tr>
<tr><td colspan="2">名 称</td><td>代号</td><td>单位</td><td>单价（元）</td><td colspan="5">数 量</td></tr>
<tr><td>人工</td><td>安装工</td><td>1002</td><td>工日</td><td>145.80</td><td>0.007</td><td>0.014</td><td>0.019</td><td>0.015</td><td>0.038</td></tr>
<tr><td rowspan="2">材料</td><td>多芯电缆</td><td>214240</td><td>m</td><td>—</td><td>（1.020）</td><td>（1.020）</td><td>（1.020）</td><td>（1.020）</td><td>（1.020）</td></tr>
<tr><td>其他材料费</td><td>2999</td><td>元</td><td>—</td><td>0.120</td><td>0.120</td><td>0.120</td><td>0.120</td><td>0.270</td></tr>
<tr><td>仪器仪表</td><td>其他仪器仪表费</td><td>4999</td><td>元</td><td>—</td><td>0.011</td><td>0.019</td><td>0.026</td><td>0.035</td><td>0.058</td></tr>
</table>

工作内容：运输、开箱、线缆检查、编号、安装（布放、穿放）、断线、固定、临时封头、清理场地。

计量单位：m

定额编号					02018016	02018017	02018018	02018019	02018020
项目名称					室外管道中安装				
					≤ 6 芯	≤ 12 芯	≤ 25 芯	≤ 50 芯	≤ 100 芯
预算基价					1.60	2.47	3.07	4.24	6.05
其中	人工费（元）				1.46	2.33	2.92	4.08	5.83
	材料费（元）				0.12	0.12	0.12	0.13	0.16
	机械费（元）				—	—	—	—	—
	仪器仪表费（元）				0.02	0.02	0.03	0.03	0.06
	名称	代号	单位	单价（元）	数量				
人工	安装工	1002	工日	145.80	0.010	0.016	0.020	0.028	0.040
材料	多芯电缆	214240	m	—	（1.020）	（1.020）	（1.020）	（1.020）	（1.020）
	其他材料费	2999	元	—	0.120	0.120	0.120	0.130	0.160
仪器仪表	其他仪器仪表费	4999	元	—	0.016	0.022	0.028	0.025	0.061

工作内容：运输、开箱、线缆检查、编号、安装（布放、穿放）、断线、固定、临时封头、清理场地。

计量单位：m

定额编号					02018021	02018022	02018023	02018024	02018025
项目名称					室外沿桥架 / 支架安装				
					≤ 6 芯	≤ 12 芯	≤ 25 芯	≤ 50 芯	≤ 100 芯
预算基价					1.82	2.71	3.63	6.06	8.81
其中	人工费（元）				1.75	2.62	3.06	4.81	6.56
	材料费（元）				0.05	0.06	0.54	1.20	2.18
	机械费（元）				—	—	—	—	—
	仪器仪表费（元）				0.02	0.03	0.03	0.05	0.07
	名称	代号	单位	单价（元）	数量				
人工	安装工	1002	工日	145.80	0.012	0.018	0.021	0.033	0.045
材料	多芯电缆	214240	m	—	（1.020）	（1.020）	（1.020）	（1.020）	（1.020）
	其他材料费	2999	元	—	0.050	0.060	0.540	1.200	2.180
仪器仪表	其他仪器仪表费	4999	元	—	0.019	0.026	0.029	0.047	0.069

第六节　敷设同轴电缆

工作内容：线缆检查、编号、安装（穿放、布放）、断线、固定、临时封头、清理场地。　　计量单位：m

定额编号					02019001	02019002	02019003
项目名称					管内穿放		
					视频同轴电缆		网络同轴电缆
					≤ϕ9	>ϕ9	
预算基价					1.77	2.36	2.66
其中	人工费（元）				1.75	2.33	2.62
	材料费（元）				0.01	0.02	0.02
	机械费（元）				—	—	—
	仪器仪表费（元）				0.01	0.01	0.02
	名称	代号	单位	单价（元）	数量		
人工	安装工	1002	工日	145.80	0.012	0.016	0.018
材料	同轴电缆≤	214232	m	—	（1.020）	（1.020）	（1.020）
	其他材料费	2999	元	—	0.010	0.015	0.020
仪器仪表	其他仪器仪表费	4999	元	—	0.010	0.010	0.020

工作内容：线缆检查、编号、安装（穿放、布放）、断线、固定、临时封头、清理场地。

计量单位：m

定额编号					02019004	02019005	02019006
项目名称					沿桥架敷设		
					视频同轴电缆		网络同轴电缆
					≤ϕ9	>ϕ9	
预算基价					2.06	2.65	2.96
其中	人工费（元）				2.04	2.62	2.92
	材料费（元）				0.01	0.02	0.02
	机械费（元）				—	—	—
	仪器仪表费（元）				0.01	0.01	0.02
	名称	代号	单位	单价（元）	数量		
人工	安装工	1002	工日	145.80	0.014	0.018	0.020
材料	同轴电缆	214232	m	—	（1.020）	（1.020）	（1.020）
	其他材料费	2999	元	—	0.010	0.015	0.020
仪器仪表	其他仪器仪表费	4999	元	—	0.010	0.010	0.020

第七节　敷设电话线

一、穿放、布放电话线

工作内容：开箱、线缆检查、编号、安装（穿放、布放）、断线、固定、临时封头、清理场地。

计量单位：m

定额编号					02020001	02020002	02020003	02020004
项目名称					1对	管/暗槽内穿放电话线（以内）		
						10对	20对	30对
预算基价					0.89	2.18	2.61	3.05
其中	人工费（元）				0.87	2.04	2.33	2.77
	材料费（元）				0.01	0.13	0.26	0.26
	机械费（元）				—	—	—	—
	仪器仪表费（元）				0.01	0.01	0.02	0.02
	名　称	代号	单位	单价（元）	数　量			
人工	安装工	1002	工日	145.80	0.006	0.014	0.016	0.019
材料	电缆	214238	m	—	（1.020）	（1.020）	（1.020）	（1.020）
	其他材料费	2999	元	—	0.010	0.130	0.260	0.260
仪器仪表	其他仪器仪表费	4999	元	—	0.008	0.012	0.015	0.018

工作内容：开箱、线缆检查、编号、安装（穿放、布放）、断线、固定、临时封头、清理场地。

计量单位：m

定额编号					02020005	02020006	02020007
项目名称					管/暗槽内穿放电话线（以内）		
					50对	100对	200对
预算基价					3.78	5.88	8.11
其中	人工费（元）				3.50	5.25	7.29
	材料费（元）				0.26	0.60	0.78
	机械费（元）				—	—	—
	仪器仪表费（元）				0.02	0.03	0.04
	名　称	代号	单位	单价（元）	数　量		
人工	安装工	1002	工日	145.80	0.024	0.036	0.050
材料	电缆	214238	m	—	（1.020）	（1.020）	（1.020）
	其他材料费	2999	元	—	0.260	0.600	0.780
仪器仪表	其他仪器仪表费	4999	元	—	0.023	0.030	0.038

工作内容：开箱、线缆检查、编号、安装（穿放、布放）、断线、固定、临时封头、清理场地。

计量单位：m

定额编号					02020008	02020009	02020010
项目名称					线槽 / 桥架 / 支架 / 活动地板内明布放电话线（以内）		
					10 对	20 对	30 对
预算基价					2.18	2.61	3.05
其中	人工费（元）				2.04	2.33	2.77
	材料费（元）				0.13	0.26	0.26
	机械费（元）				—	—	—
	仪器仪表费（元）				0.01	0.02	0.02
	名称	代号	单位	单价（元）	数量		
人工	安装工	1002	工日	145.80	0.014	0.016	0.019
材料	电缆	214238	m	—	（1.020）	（1.020）	（1.020）
	其他材料费	2999	元	—	0.130	0.260	0.260
仪器仪表	其他仪器仪表费	4999	元	—	0.012	0.015	0.018

工作内容：开箱、线缆检查、编号、安装（穿放、布放）、断线、固定、临时封头、清理场地。

计量单位：m

定额编号					02020011	02020012	02020013
项目名称					线槽 / 桥架 / 支架 / 活动地板内明布放电话线（以内）		
					50 对	100 对	200 对
预算基价					3.78	5.88	8.11
其中	人工费（元）				3.50	5.25	7.29
	材料费（元）				0.26	0.60	0.78
	机械费（元）				—	—	—
	仪器仪表费（元）				0.02	0.03	0.04
	名称	代号	单位	单价（元）	数量		
人工	安装工	1002	工日	145.80	0.024	0.036	0.050
材料	电缆	214238	m	—	（1.020）	（1.020）	（1.020）
	其他材料费	2999	元	—	0.260	0.600	0.780
仪器仪表	其他仪器仪表费	4999	元	—	0.023	0.030	0.038

二、成套电话组线箱安装

工作内容：组线箱安装等。　　　　计量单位：台

定额编号					02021001	02021002	02021003
项目名称					明装		
					50对	100对	200对
预算基价					118.31	146.18	160.93
其中	人工费（元）				110.81	138.51	153.09
	材料费（元）				7.50	7.67	7.84
	机械费（元）				—	—	—
	仪器仪表费（元）				—	—	—
	名称	代号	单位	单价（元）	数量		
人工	安装工	1002	工日	145.80	0.760	0.950	1.050
材料	调和漆	209016	kg	17.000	0.030	0.040	0.050
	防锈漆	209020	kg	17.000	0.010	0.010	0.010
	角钢 63 以内	201016	kg	4.950	0.200	0.200	0.200
	膨胀螺栓 ϕ10	207160	套	1.430	4.080	4.080	4.080

工作内容：组线箱安装等。　　　　计量单位：台

定额编号					02021004	02021005	02021006
项目名称					暗装		
					50对	100对	200对
预算基价					130.65	159.94	190.39
其中	人工费（元）				123.93	153.09	182.25
	材料费（元）				3.91	4.04	5.33
	机械费（元）				2.81	2.81	2.81
	仪器仪表费（元）				—	—	—
	名称	代号	单位	单价（元）	数量		
人工	安装工	1002	工日	145.80	0.850	1.050	1.250
材料	电焊条 综合	207290	kg	6.000	0.040	0.050	0.060
	防锈漆	209020	kg	17.000	0.010	0.010	0.020
	角钢 63 以内	201016	kg	4.950	0.200	—	—
	镀锌扁钢	201023	kg	7.900	0.250	0.350	0.450
	其他材料费	2999	元	—	0.530	0.800	1.070
机械	交流弧焊机 ≤ 32kV·A	3100	台班	140.710	0.020	0.020	0.020

三、电话出线口、中途箱、电话线架空引入装置

工作内容：面板安装、接线；稳装箱、接地；打眼、埋设挂钩。

定额编号					02022001	02022002	02022003	02022004	02022005
项目名称					电话出线口（个）				电话中途箱（台）
					普通型		插座型		
					单联	双联	单联	双联	
预算基价					16.44	16.44	5.99	5.99	111.32
其中	人工费（元）				5.83	5.83	5.83	5.83	83.11
	材料费（元）				10.61	10.61	0.16	0.16	26.80
	机械费（元）				—	—	—	—	1.41
	仪器仪表费（元）				—	—	—	—	—
名称		代号	单位	单价（元）	数量				
人工	安装工	1002	工日	145.80	0.040	0.040	0.040	0.040	0.570
材料	电话出线口　插座型双联	213479	个	—	—	—	—	（1.020）	—
	电话出线口　插座型单联	213478	个	—	—	—	（1.020）	—	—
	电话出线口　普通型单联	213476	个	—	（1.020）	—	—	—	—
	电话出线口　普通型双联	213477	个	—	—	（1.020）	—	—	—
	镀锌带母螺栓 6×16～25	207118	套	0.080	—	—	2.040	2.040	—
	板方材	203001	m^3	1944.000	—	—	—	—	0.010
	圆钢 ϕ10 以内	201014	kg	5.200	2.040	2.040	—	—	1.000
	其他材料费	2999	元	—	—	—	—	—	2.160
机械	交流弧焊机≤32kV·A	3100	台班	140.710	—	—	—	—	0.010

工作内容：面板安装、接线；稳装箱；打眼、埋设挂钩。　　计量单位：套

定额编号					02022006
项目名称					电话线架空引入装置
预算基价					30.34
其中	人工费（元）				27.70
	材料费（元）				2.64
	机械费（元）				—
	仪器仪表费（元）				—
名称		代号	单位	单价（元）	数量
人工	安装工	1002	工日	145.80	0.190
材料	镀锌钢管 32	201056	m	—	（2.060）
	膨胀螺栓 ϕ12	207161	套	1.560	1.020
	镀锌扁钢	201023	kg	7.900	0.100
	其他材料费	2999	元	—	0.260

第八节　系统调试、试运行

工作内容：系统调试、完成测试报告等。　　计量单位：系统

定额编号					02023001	02023002	02023003
项目名称					系统调试		试运行
					≤ 400 点	> 400 点，每增加 100	
预算基价					3673.50	332.15	11040.20
其中	人工费（元）				3148.50	314.85	9445.50
	材料费（元）				—	—	—
	机械费（元）				—	—	—
	仪器仪表费（元）				525.00	17.30	1594.70
名　称		代号	单位	单价（元）	数　量		
人工	调试工	1003	工日	209.90	15.000	1.500	45.000
仪器仪表	网络测试仪	4322	台班	305.440	1.600	0.050	5.000
	便携式计算机	4311	台班	18.000	1.600	0.050	2.500
	对讲机	4164	台班	1.500	5.000	0.750	15.000

第三章
安全防范系统工程

说明及工程量计算规则

说　　明

1. 本章主要内容包括：入侵探测、出入口控制、视频监控、电子巡更、安全检查等分系统的设备安装调试及安全防范全系统调试和试运行。

2. 有关计算机及网络设备安装工程参照本册第一章有关子目。

3. 有关场地电气安装工程部分参照本定额第五册《洁净厂房、数据中心及电子环境工程》有关子目。

工程量及计算规则

1. 入侵探测设备安装、调试，以“套”计算。
2. 报警信号接收机安装、调试，以“套”计算。
3. 出入口控制设备安装、调试，以“台”计算。
4. 视频监控设备安装、调试，以“台”计算。
5. 防护罩安装，以“套”计算。
6. 摄像机支架安装，以“个”计算。
7. 监控模拟盘、液晶显示屏安装、调试，以“m^2”计算。
8. 安全检查设备安装、调试，以“台”或“套”计算。
9. 安全防范分系统调试、系统工程调试、试运行，以“系统”计算。

第一节 入侵探测设备安装、调试

一、探测器（室内外、周界）

工作内容：开箱检查、设备组装、检查基础、划线、定位、安装调试。 计量单位：套

定额编号					03001001	03001002	03001003	03001004
项目名称					门磁、窗磁开关		紧急脚踏开关	
					有线	无线	有线	无线
预算基价					26.96	23.32	26.96	23.32
其中	人工费（元）				21.87	18.95	21.87	18.95
	材料费（元）				4.37	4.37	4.37	4.37
	机械费（元）				—	—	—	—
	仪器仪表费（元）				0.72	—	0.72	—
	名称	代号	单位	单价（元）	数量			
人工	安装工	1002	工日	145.80	0.150	0.130	0.150	0.130
材料	其他材料费	2999	元	—	4.370	4.370	4.370	4.370
仪器仪表	其他仪器仪表费	4999	元	—	0.720	—	0.720	—

工作内容：开箱检查、设备组装、检查基础、划线、定位、安装调试。

定额编号					03001005	03001006	03001007
项目名称					紧急手动开关（套）		主动红外探测器（对）
					有线	无线	
预算基价					26.75	22.38	223.58
其中	人工费（元）				21.87	17.50	218.70
	材料费（元）				4.37	4.37	4.37
	机械费（元）				—	—	—
	仪器仪表费（元）				0.51	0.51	0.51
	名称	代号	单位	单价（元）	数量		
人工	安装工	1002	工日	145.80	0.150	0.120	1.500
材料	其他材料费	2999	元	—	4.370	4.370	4.370
仪器仪表	其他仪器仪表费	4999	元	—	0.510	0.510	0.510

工作内容：开箱检查、设备组装、检查基础、划线、定位、安装调试。　　计量单位：套

定额编号					03001008	03001009	03001010
项目名称					被动红外探测器		红外幕帘探测器
					有线	无线	
预算基价					122.45	106.43	224.51
其中	人工费（元）				116.64	102.06	218.70
	材料费（元）				4.37	4.37	4.37
	机械费（元）				—	—	—
	仪器仪表费（元）				1.44	—	1.44
名称		代号	单位	单价（元）	数量		
人工	安装工	1002	工日	145.80	0.800	0.700	1.500
材料	其他材料费	2999	元	—	4.370	4.370	4.370
仪器仪表	其他仪器仪表费	4999	元	—	1.440	—	1.440

工作内容：开箱检查、设备组装、检查基础、划线、定位、安装调试。　　计量单位：套

定额编号					03001011	03001012	03001013	03001014
项目名称					多技术复合探测器			微波探测器
					吸顶	壁装	长距离	
预算基价					224.51	268.25	297.41	151.61
其中	人工费（元）				218.70	262.44	291.60	145.80
	材料费（元）				4.37	4.37	4.37	4.37
	机械费（元）				—	—	—	—
	仪器仪表费（元）				1.44	1.44	1.44	1.44
名称		代号	单位	单价（元）	数量			
人工	安装工	1002	工日	145.80	1.500	1.800	2.000	1.000
材料	其他材料费	2999	元	—	4.370	4.370	4.370	4.370
仪器仪表	其他仪器仪表费	4999	元	—	1.440	1.440	1.440	1.440

工作内容：开箱检查、设备组装、检查基础、划线、定位、安装调试。 计量单位：套

定额编号					03001015	03001016	03001017	03001018
项目名称					微波墙式探测器（对）	超声波探测器	激光探测器（一收、一发）	玻璃破碎探测器
预算基价					195.35	180.77	225.95	180.77
其中	人工费（元）				189.54	174.96	218.70	174.96
	材料费（元）				4.37	4.37	4.37	4.37
	机械费（元）				—	—	—	—
	仪器仪表费（元）				1.44	1.44	2.88	1.44
	名称	代号	单位	单价（元）	数量			
人工	安装工	1002	工日	145.80	1.300	1.200	1.500	1.200
材料	其他材料费	2999	元	—	4.370	4.370	4.370	4.370
仪器仪表	其他仪器仪表费	4999	元	—	1.440	1.440	2.880	1.440

工作内容：开箱检查、设备组装、检查基础、划线、定位、安装调试。 计量单位：套

定额编号					03001019	03001020	03001021	03001022
项目名称					振动探测器	驻波探测器	泄漏电缆控制器（不含线缆）	无线报警探测器
预算基价					195.35	224.51	223.79	209.21
其中	人工费（元）				189.54	218.70	218.70	204.12
	材料费（元）				4.37	4.37	4.37	4.37
	机械费（元）				—	—	—	—
	仪器仪表费（元）				1.44	1.44	0.72	0.72
	名称	代号	单位	单价（元）	数量			
人工	安装工	1002	工日	145.80	1.300	1.500	1.500	1.400
材料	其他材料费	2999	元	—	4.370	4.370	4.370	4.370
仪器仪表	其他仪器仪表费	4999	元	—	1.440	1.440	0.720	0.720

工作内容：开箱检查、设备组装、检查基础、划线、定位、安装调试。　　　　计量单位：套

定额编号					03001023	03001024	03001025	03001026
项目名称					感应式控制器（不含线）、振动电缆控制器	电子围栏控制器	报警声音复核装置（声音探头）	无线传输报警按钮
预算基价					369.59	369.59	77.99	29.52
其中	人工费（元）				364.50	364.50	72.90	29.16
	材料费（元）				4.37	4.37	4.37	—
	机械费（元）				—	—	—	—
	仪器仪表费（元）				0.72	0.72	0.72	0.36
名称		代号	单位	单价（元）	数量			
人工	安装工	1002	工日	145.80	2.500	2.500	0.500	0.200
材料	其他材料费	2999	元	—	4.370	4.370	4.370	—
仪器仪表	其他仪器仪表费	4999	元	—	0.720	0.720	0.720	0.360

工作内容：开箱检查、设备组装、检查基础、划线、定位、安装调试。

定额编号					03001027	03001028	03001029	03001030
项目名称					无线按钮控制器	震动泄漏电缆	电子围栏	探测器支架
					套	m	延长米	个
预算基价					34.25	22.52	30.13	29.77
其中	人工费（元）				29.16	21.87	29.16	29.16
	材料费（元）				4.37	0.65	0.97	0.61
	机械费（元）				—	—	—	—
	仪器仪表费（元）				0.72	—	—	—
名称		代号	单位	单价（元）	数量			
人工	安装工	1002	工日	145.80	0.200	0.150	0.200	0.200
材料	其他材料费	2999	元	—	4.370	0.650	0.970	0.610
仪器仪表	其他仪器仪表费	4999	元	—	0.720	—	—	—

二、报警控制器

工作内容：开箱检查、设备组装、检查基础、划线、定位、安装调试。　　计量单位：套

定额编号					03002001	03002002	03002003	03002004
项目名称					多线制报警控制器			
					8 路	16 路	32 路	64 路
预算基价					1178.56	1478.46	1858.99	2397.37
其中	人工费（元）				1166.40	1458.00	1822.50	2332.80
	材料费（元）				7.10	14.19	28.39	54.45
	机械费（元）				—	—	—	—
	仪器仪表费（元）				5.06	6.27	8.10	10.12
名称		代号	单位	单价（元）	数量			
人工	安装工	1002	工日	145.80	8.000	10.000	12.500	16.000
材料	其他材料费	2999	元	—	7.100	14.190	28.390	54.450
仪器仪表	其他仪器仪表费	4999	元	—	5.060	6.270	8.100	10.120

工作内容：开箱检查、设备组装、检查基础、划线、定位、安装调试。　　计量单位：套

定额编号					03002005	03002006	03002007
项目名称					总线制报警控制器		
					8 路	16 路	32 路
预算基价					886.58	1327.51	1626.18
其中	人工费（元）				874.80	1312.20	1603.80
	材料费（元）				6.72	9.24	14.28
	机械费（元）				—	—	—
	仪器仪表费（元）				5.06	6.07	8.10
名称		代号	单位	单价（元）	数量		
人工	安装工	1002	工日	145.80	6.000	9.000	11.000
材料	其他材料费	2999	元	—	6.720	9.240	14.280
仪器仪表	其他仪器仪表费	4999	元	—	5.060	6.070	8.100

工作内容：开箱检查、设备组装、检查基础、划线、定位、安装调试。　　计量单位：套

定额编号					03002008	03002009	03002010
项目名称					总线制报警控制器		
					64 路	128 路	256 路
预算基价					2075.68	2553.36	3322.60
其中	人工费（元）				2041.20	2478.60	3207.60
	材料费（元）				24.36	44.40	64.40
	机械费（元）				—	—	—
	仪器仪表费（元）				10.12	30.36	50.60
名称		代号	单位	单价（元）	数量		
人工	安装工	1002	工日	145.80	14.000	17.000	22.000
材料	其他材料费	2999	元	—	24.360	44.400	64.400
仪器仪表	其他仪器仪表费	4999	元	—	10.120	30.360	50.600

工作内容：开箱检查、设备组装、检查基础、划线、定位、安装调试。　　计量单位：套

定额编号					03002011	03002012	03002013
项目名称					地址模块		
					2 路	4 路	8 路
预算基价					49.56	64.74	96.11
其中	人工费（元）				43.74	58.32	87.48
	材料费（元）				4.81	5.41	6.61
	机械费（元）				—	—	—
	仪器仪表费（元）				1.01	1.01	2.02
名称		代号	单位	单价（元）	数量		
人工	安装工	1002	工日	145.80	0.300	0.400	0.600
材料	其他材料费	2999	元	—	4.810	5.410	6.610
仪器仪表	其他仪器仪表费	4999	元	—	1.010	1.010	2.020

工作内容：开箱检查、设备组装、检查基础、划线、定位、安装调试。　　计量单位：套

定额编号					03002014	03002015	03002016
项目名称					有线对讲主机		用户机
					8路	16路	
预算基价					602.56	1122.96	49.06
其中	人工费（元）				583.20	1093.50	43.74
	材料费（元）				9.24	14.28	4.81
	机械费（元）				—	—	—
	仪器仪表费（元）				10.12	15.18	0.51
名称		代号	单位	单价（元）	数量		
人工	安装工	1002	工日	145.80	4.000	7.500	0.300
材料	其他材料费	2999	元	—	9.240	14.280	4.810
仪器仪表	其他仪器仪表费	4999	元	—	10.120	15.180	0.510

三、报警显示设备

工作内容：开箱检查、设备组装、划线、定位、安装调试。　　计量单位：套

定额编号					03003001
项目名称					警灯、警铃、警号
预算基价					19.29
其中	人工费（元）				14.58
	材料费（元）				4.20
	机械费（元）				—
	仪器仪表费（元）				0.51
名称		代号	单位	单价（元）	数量
人工	安装工	1002	工日	145.80	0.100
材料	其他材料费	2999	元	—	4.200
仪器仪表	其他仪器仪表费	4999	元	—	0.510

四、报警信号传输设备

工作内容：开箱检查、设备组装、划线、定位、安装调试。　　计量单位：套

定额编号					03004001	03004002	03004003	03004004	03004005
项目名称					有线报警信号前端传输设备（不含线缆）				联动通信接口
					电话线传输发送器	电源线传输发送器	专线传输发送器	网络传输接口	
预算基价					445.81	447.61	449.41	78.79	224.59
其中	人工费（元）				437.40	437.40	437.40	72.90	218.70
	材料费（元）				4.81	4.81	4.81	4.81	4.81
	机械费（元）				—	—	—	—	—
	仪器仪表费（元）				3.60	5.40	7.20	1.08	1.08
	名称	代号	单位	单价（元）	数量				
人工	安装工	1002	工日	145.80	3.000	3.000	3.000	0.500	1.500
材料	其他材料费	2999	元	—	4.810	4.810	4.810	4.810	4.810
仪器仪表	其他仪器仪表费	4999	元	—	3.600	5.400	7.200	1.080	1.080

工作内容：开箱检查、设备组装、划线、定位、安装调试。　　计量单位：系统

定额编号					03004006	03004007	03004008	03004009	03004010
项目名称					报警信号接收机（不含线缆）				
					专线传输接收机	电话线接收机	电源线接收机	无线门磁开关接收器	共用天线信号接收机
预算基价					520.17	520.17	665.97	593.07	520.17
其中	人工费（元）				510.30	510.30	656.10	583.20	510.30
	材料费（元）				4.81	4.81	4.81	4.81	4.81
	机械费（元）				—	—	—	—	—
	仪器仪表费（元）				5.06	5.06	5.06	5.06	5.06
	名称	代号	单位	单价（元）	数量				
人工	安装工	1002	工日	145.80	3.500	3.500	4.500	4.000	3.500
材料	其他材料费	2999	元	—	4.810	4.810	4.810	4.810	4.810
仪器仪表	其他仪器仪表费	4999	元	—	5.060	5.060	5.060	5.060	5.060

工作内容：开箱检查、安装、功能检查、性能测试、通信实验。　　　　计量单位：套

定额编号					03004011	03004012	03004013
项目名称					无线报警发送、接收设备		
					发送设备≤2W	发送设备≤5W	无线报警接收设备
预算基价					309.39	455.19	452.94
其中	人工费（元）				291.60	437.40	437.40
	材料费（元）				15.71	15.71	15.54
	机械费（元）				—	—	—
	仪器仪表费（元）				2.08	2.08	—
	名称	代号	单位	单价（元）	数量		
人工	安装工	1002	工日	145.80	2.000	3.000	3.000
材料	其他材料费	2999	元	—	15.710	15.710	15.540
仪器仪表	小功率计	4050	台班	6.930	0.300	0.300	—

第二节　出入口控制设备安装、调试

一、目标识别设备

工作内容：开箱检查、设备初验、安装设备、调整、调试。　　　　计量单位：台

定额编号					03005001	03005002	03005003	03005004
项目名称					读卡器		人体生物特征识别系统	
					不带键盘	带键盘	采集器	识别器
预算基价					78.28	107.44	77.78	180.05
其中	人工费（元）				72.90	102.06	72.90	174.96
	材料费（元）				4.37	4.37	4.37	4.37
	机械费（元）				—	—	—	—
	仪器仪表费（元）				1.01	1.01	0.51	0.72
	名称	代号	单位	单价（元）	数量			
人工	安装工	1002	工日	145.80	0.500	0.700	0.500	1.200
材料	其他材料费	2999	元	—	4.370	4.370	4.370	4.370
仪器仪表	其他仪器仪表费	4999	元	—	1.010	1.010	0.510	0.720

工作内容：开箱检查、设备初验、安装设备、调整、系统调试。　　计量单位：台

定额编号					03005005	03005006
项目名称					出入门按钮	密码键盘
预算基价					14.58	77.78
其中	人工费（元）				14.58	72.90
	材料费（元）				—	4.37
	机械费（元）				—	—
	仪器仪表费（元）				—	0.51
名称		代号	单位	单价（元）	数量	
人工	安装工	1002	工日	145.80	0.100	0.500
材料	其他材料费	2999	元	—	—	4.370
仪器仪表	其他仪器仪表费	4999	元	—	—	0.510

二、控制设备

工作内容：开箱检查、设备初验、安装设备、调整、调试。　　计量单位：台

定额编号					03006001	03006002	03006003	03006004	03006005
项目名称					门禁控制器				
					单门	双门	4门	8门	16门
预算基价					154.33	274.83	484.65	832.14	1296.41
其中	人工费（元）				145.80	262.44	466.56	801.90	1239.30
	材料费（元）				6.51	8.34	12.02	20.12	36.87
	机械费（元）				—	—	—	—	—
	仪器仪表费（元）				2.02	4.05	6.07	10.12	20.24
名称		代号	单位	单价（元）	数量				
人工	安装工	1002	工日	145.80	1.000	1.800	3.200	5.500	8.500
材料	其他材料费	2999	元	—	6.510	8.340	12.020	20.120	36.870
仪器仪表	其他仪器仪表费	4999	元	—	2.020	4.050	6.070	10.120	20.240

三、执行机构设备

工作内容：开箱检查、设备初验、安装设备、调整、调试。　　计量单位：台

定额编号					03007001	03007002	03007003	03007004
项目名称					电控锁	电磁吸力锁	电子密码锁	自动闭门器
预算基价					64.74	57.45	78.24	34.97
其中	人工费（元）				58.32	51.03	72.90	29.16
	材料费（元）				4.98	4.98	4.98	4.37
	机械费（元）				—	—	—	—
	仪器仪表费（元）				1.44	1.44	0.36	1.44
名称		代号	单位	单价（元）	数量			
人工	安装工	1002	工日	145.80	0.400	0.350	0.500	0.200
材料	其他材料费	2999	元	—	4.980	4.980	4.980	4.370
仪器仪表	其他仪器仪表费	4999	元	—	1.440	1.440	0.360	1.440

工作内容：开箱检查、设备初验、安装设备、调整、系统调试。　　计量单位：台

定额编号					03007005	03007006
项目名称					电子巡更系统	
					信息钮	通信座
预算基价					14.58	220.14
其中	人工费（元）				14.58	218.70
	材料费（元）				—	—
	机械费（元）				—	—
	仪器仪表费（元）				—	1.44
名称		代号	单位	单价（元）	数量	
人工	安装工	1002	工日	145.80	0.100	1.500
仪器仪表	其他仪器仪表费	4999	元	—	—	1.440

第三节 信号采集设备安装

一、摄像设备安装

工作内容：开箱检查、清点设备、设备组装、检查基础、安装设备、接线、标记、通电检查、清理现场。

计量单位：台

定额编号					03008001	03008002	03008003	03008004
项目名称					彩色、黑白摄像机（含拍照功能）	半球形摄像机	球形摄像机	
							室内	室外
预算基价					114.75	128.04	159.93	211.71
其中	人工费（元）				109.35	122.47	153.09	204.12
	材料费（元）				4.29	4.46	4.29	4.29
	机械费（元）				—	—	—	—
	仪器仪表费（元）				1.11	1.11	2.55	3.30
	名称	代号	单位	单价（元）	数量			
人工	安装工	1002	工日	145.80	0.750	0.840	1.050	1.400
材料	其他材料费	2999	元	—	4.290	4.460	4.290	4.290
仪器仪表	其他仪器仪表费	4999	元	—	1.110	1.110	2.550	3.300

工作内容：开箱检查、清点设备、设备组装、检查基础、安装设备、接线、标记、通电检查、清理现场。

计量单位：台

定额编号					03008005	03008006	03008007	03008008
项目名称					摄录一体机	防爆摄像机	微型摄像机	室内外云台摄像机
预算基价					150.96	224.89	209.28	240.07
其中	人工费（元）				145.80	218.70	204.12	234.74
	材料费（元）				4.29	5.32	4.29	4.46
	机械费（元）				—	—	—	—
	仪器仪表费（元）				0.87	0.87	0.87	0.87
	名称	代号	单位	单价（元）	数量			
人工	安装工	1002	工日	145.80	1.000	1.500	1.400	1.610
材料	其他材料费	2999	元	—	4.290	5.320	4.290	4.460
仪器仪表	其他仪器仪表费	4999	元	—	0.870	0.870	0.870	0.870

工作内容：开箱检查、清点设备、设备组装、检查基础、安装设备、接线、标记、通电检查、清理现场。

计量单位：台

定额编号					03008009	03008010	03008011	03008012
项目名称					高速智能球型摄像机	微光摄像机	红外光源摄像机	X 光摄像机
预算基价					291.17	263.73	212.70	107.70
其中	人工费（元）				285.77	255.15	204.12	102.06
	材料费（元）				4.53	4.53	4.53	4.53
	机械费（元）				—	—	—	—
	仪器仪表费（元）				0.87	4.05	4.05	1.11
名称		代号	单位	单价（元）	数量			
人工	安装工	1002	工日	145.80	1.960	1.750	1.400	0.700
材料	其他材料费	2999	元	—	4.530	4.530	4.530	4.530
仪器仪表	其他仪器仪表费	4999	元	—	0.870	4.050	4.050	1.110

工作内容：开箱检查、清点设备、设备组装、检查基础、安装设备、接线、标记、通电检查、清理现场。

计量单位：台

定额编号					03008013	03008014	03008015	03008016	03008017
项目名称					水下摄像机	医用显微摄像机	网络摄像机		网络摄像机控制软件（套）
							半球形	球形	
预算基价					418.04	107.70	154.38	227.28	174.96
其中	人工费（元）				408.24	102.06	145.80	218.70	174.96
	材料费（元）				6.80	4.53	4.53	4.53	—
	机械费（元）				—	—	—	—	—
	仪器仪表费（元）				3.00	1.11	4.05	4.05	—
名称		代号	单位	单价（元）	数量				
人工	安装工	1002	工日	145.80	2.800	0.700	1.000	1.500	1.200
材料	其他材料费	2999	元	—	6.800	4.530	4.530	4.530	—
仪器仪表	其他仪器仪表费	4999	元	—	3.000	1.110	4.050	4.050	—

二、镜 头 安 装

工作内容：开箱检验、设备组装、安装设备、调试设备。　　计量单位：台

定 额 编 号					03009001	03009002	03009003	03009004
项 目 名 称					定焦距		变焦变倍	
					手动光圈镜头	自动光圈镜头		电动光圈镜头
预 算 基 价					32.16	46.74	67.28	57.37
其中	人工费（元）				29.16	43.74	61.24	51.03
	材料费（元）				—	—	—	—
	机械费（元）				—	—	—	—
	仪器仪表费（元）				3.00	3.00	6.04	6.34
名　　称		代号	单位	单价（元）	数　量			
人工	安装工	1002	工日	145.80	0.200	0.300	0.420	0.350
仪器仪表	其他仪器仪表费	4999	元	—	3.000	3.000	6.040	6.340

工作内容：开箱检验、设备组装、安装设备、调试设备。　　计量单位：台

定 额 编 号					03009005	03009006
项 目 名 称					摄像机小孔镜头	
					明装	暗装
预 算 基 价					94.36	152.68
其中	人工费（元）				87.48	145.80
	材料费（元）				—	—
	机械费（元）				—	—
	仪器仪表费（元）				6.88	6.88
名　　称		代号	单位	单价（元）	数　量	
人工	安装工	1002	工日	145.80	0.600	1.000
仪器仪表	其他仪器仪表费	4999	元	—	6.880	6.880

三、辅助机械设备安装

工作内容：开箱、检验、现场定位、安装、紧固。　　计量单位：套

定额编号					03010001	03010002	03010003	03010004
项目名称					摄像机防护罩			
					普通	密封	全天候	防爆
预算基价					24.81	39.39	112.29	90.42
其中	人工费（元）				21.87	36.45	109.35	87.48
	材料费（元）				2.94	2.94	2.94	2.94
	机械费（元）				—	—	—	—
	仪器仪表费（元）				—	—	—	—
名称		代号	单位	单价（元）	数量			
人工	安装工	1002	工日	145.80	0.150	0.250	0.750	0.600
材料	其他材料费	2999	元	—	2.940	2.940	2.940	2.940

工作内容：开箱、清点零部件配套、检查安装基础、划线、定位、打孔、安装、紧固。　　计量单位：套

定额编号					03010005	03010006	03010007
项目名称					摄像机支架		
					壁式	悬挂式	立柱式
预算基价					88.96	118.62	101.44
其中	人工费（元）				58.32	87.48	69.98
	材料费（元）				26.34	26.34	26.34
	机械费（元）				4.30	4.80	5.12
	仪器仪表费（元）				—	—	—
名称		代号	单位	单价（元）	数量		
人工	安装工	1002	工日	145.80	0.400	0.600	0.480
材料	其他材料费	2999	元	—	26.340	26.340	26.340
机械	其他机具费	3999	元	—	4.300	4.800	5.120

工作内容：开箱检查、检查安装基础、打孔、固定、安装、通电、试运转。 计量单位：套

定额编号					03010008	03010009	03010010
项目名称					摄像机云台（载重量）		
					<8kg	<25kg	<45kg
预算基价					120.73	320.46	465.79
其中	人工费（元）				116.64	291.60	364.50
	材料费（元）				3.59	7.44	7.44
	机械费（元）				—	20.92	93.35
	仪器仪表费（元）				0.50	0.50	0.50
名称		代号	单位	单价（元）	数量		
人工	安装工	1002	工日	145.80	0.800	2.000	2.500
材料	其他材料费	2999	元	—	3.590	7.440	7.440
机械	叉式起重机 3t	3026	台班	358.370	—	—	0.200
	液压升降机	3059	台班	33.030	—	0.500	0.500
	其他机具费	3999	元	—	—	4.400	5.160
仪器仪表	其他仪器仪表费	4999	元	—	0.500	0.500	0.500

工作内容：开箱检验、设备组装、检查基础、安装设备、调试设备、试运行。 计量单位：台

定额编号					03010011	03010012
项目名称					云台控制器	照明灯（含红外灯）
预算基价					182.31	49.25
其中	人工费（元）				174.96	43.74
	材料费（元）				5.55	4.50
	机械费（元）				—	—
	仪器仪表费（元）				1.80	1.01
名称		代号	单位	单价（元）	数量	
人工	安装工	1002	工日	145.80	1.200	0.300
材料	其他材料费	2999	元	—	5.550	4.500
仪器仪表	其他仪器仪表费	4999	元	—	1.800	1.010

工作内容：设备开箱、检查、划线、定位、找平找正、固定、接地。 计量单位：台

定额编号				03010013	03010014	03010015	03010016	03010017
项目名称				控制台和监视器柜架				
				单联控制台机架	双联控制台机架	监视器柜	监视器吊架	电源
预算基价				347.10	416.38	484.91	200.00	30.06
其中	人工费（元）			218.70	291.60	360.13	145.80	29.16
	材料费（元）			52.38	52.38	52.38	53.47	0.90
	机械费（元）			71.67	71.67	71.67	—	—
	仪器仪表费（元）			4.35	0.73	0.73	0.73	—
名称	代号	单位	单价（元）	数量				
人工 安装工	1002	工日	145.80	1.500	2.000	2.470	1.000	0.200
材料 铜端子 16	213122	个	12.000	2.040	2.040	2.040	2.040	—
材料 铜芯聚氯乙烯绝缘电线 BV-16	214013	m	11.640	2.040	2.040	2.040	2.040	—
材料 其他材料费	2999	元	—	4.150	4.150	4.150	5.240	0.900
机械 叉式起重机 3t	3026	台班	358.370	0.200	0.200	0.200	—	—
仪器仪表 接地电阻检测仪	4287	台班	14.510	0.300	0.050	0.050	0.050	—

第四节　安全检查设备安装、调试

工作内容：开箱检查、安装固定、软硬件调试。 计量单位：台

定额编号				03011001	03011002	03011003
项目名称				X 射线安全检查设备		金属物品探测门
				单通道	双通道	
预算基价				2489.23	3018.30	1466.75
其中	人工费（元）			2041.20	2478.60	1239.30
	材料费（元）			28.46	48.46	28.46
	机械费（元）			358.37	430.04	179.19
	仪器仪表费（元）			61.20	61.20	19.80
名称	代号	单位	单价（元）	数量		
人工 安装工	1002	工日	145.80	14.000	17.000	8.500
材料 其他材料费	2999	元	—	28.460	48.460	28.460
机械 叉式起重机 3t	3026	台班	358.370	1.000	1.200	0.500
仪器仪表 数字多用表	4045	台班	3.600	2.000	2.000	0.500
仪器仪表 便携式计算机	4311	台班	18.000	3.000	3.000	1.000

工作内容：开箱检查、安装固定、软硬件调试。　　计量单位：套

定额编号					03011004	03011005	03011006	03011007
项目名称					X 射线安检设备数据管理系统			
					通道数≤ 10	通道数 11 ~ 20	通道数 21 ~ 30	通道数 31 ~ 40
预算基价					10896.67	17686.13	24479.09	31268.54
其中	人工费（元）				10075.20	16582.10	23089.00	29595.90
	材料费（元）				26.70	41.40	59.60	74.30
	机械费（元）				114.59	160.43	206.27	252.10
	仪器仪表费（元）				680.18	902.20	1124.22	1346.24
名称		代号	单位	单价（元）	数量			
人工	调试工	1003	工日	209.90	48.000	79.000	110.000	141.000
材料	其他材料费	2999	元	—	26.700	41.400	59.600	74.300
机械	叉式起重机 3t	3026	台班	358.370	0.250	0.350	0.450	0.550
	其他机具费	3999	元	—	25.000	35.000	45.000	55.000
仪器仪表	数字多用表	4045	台班	3.600	3.000	6.000	9.000	12.000
	对讲机	4164	台班	1.500	3.000	6.000	9.000	12.000
	网络测试仪	4322	台班	305.440	2.000	2.500	3.000	3.500
	便携式计算机	4311	台班	18.000	3.000	6.000	9.000	12.000

工作内容：开箱检查、安装固定、软硬件调试。　　计量单位：套

定额编号					03011008	03011009	03011010	03011011	03011012
项目名称					X 射线探测设备				
					便携式	台式	通过式	车载式	集装箱式
预算基价					509.35	552.27	4844.93	3101.00	48345.83
其中	人工费（元）				437.40	437.40	4082.40	2916.00	43740.00
	材料费（元）				—	17.00	55.00	55.00	96.00
	机械费（元）				10.00	81.67	581.53	40.00	2718.07
	仪器仪表费（元）				61.95	16.20	126.00	90.00	1791.76
名称		代号	单位	单价（元）	数量				
人工	安装工	1002	工日	145.80	3.000	3.000	28.000	20.000	300.000
材料	其他材料费	2999	元	—	—	17.000	55.000	55.000	96.000
机械	载货汽车 4t	3030	台班	445.940	—	—	0.250	—	1.000
	汽车起重机 12t	3012	台班	898.030	—	—	—	—	1.500
	叉式起重机 3t	3026	台班	358.370	—	0.200	1.200	—	2.400
	其他机具费	3999	元	—	10.000	10.000	40.000	40.000	65.000
仪器仪表	手持式剂量仪	4335	台班	10.000	0.400	0.100	0.200	0.200	1.400
	网络测试仪	4322	台班	305.440	—	—	—	—	4.000
	便携式计算机	4311	台班	18.000	1.000	—	4.00	2.000	15.000
	环境剂量仪	4334	台班	80.000	0.400	0.100	0.200	0.200	1.400
	其他仪器仪表费	4999	元	—	7.950	7.200	36.000	36.000	174.000

第五节　安全防范分系统调试

工作内容：工作准备、指标测试、功能测试。　　　　计量单位：系统

定额编号					03012001	03012002	03012003	03012004
项目名称					入侵报警系统		电视监控系统	
					≤ 30 点	> 30 点，每增 5 个点	≤ 50 台	> 50 台，每增 10 台
预算基价					4209.70	525.92	5261.00	526.40
其中	人工费（元）				4198.00	524.75	5247.50	524.75
	材料费（元）				—	—	—	—
	机械费（元）				—	—	—	—
	仪器仪表费（元）				11.70	1.17	13.50	1.65
名称		代号	单位	单价（元）	数量			
人工	调试工	1003	工日	209.90	20.000	2.500	25.000	2.500
仪器仪表	便携式计算机	4311	台班	18.000	—	—	—	—
	数字多用表	4045	台班	3.600	2.000	0.200	2.500	0.250
	对讲机	4164	台班	1.500	3.000	0.300	3.000	0.500

工作内容：工作准备、指标测试、功能测试。　　　　计量单位：系统

定额编号					03012005	03012006	03012007	03012008
项目名称					出入口控制系统		电子巡更	
					≤ 50 门	> 50 门，每增 5 门	≤ 50 点	> 50 点，每增 50 点
预算基价					4697.30	382.92	2522.40	525.47
其中	人工费（元）				4617.80	377.82	2518.80	524.75
	材料费（元）				—	—	—	—
	机械费（元）				—	—	—	—
	仪器仪表费（元）				79.50	5.10	3.60	0.72
名称		代号	单位	单价（元）	数量			
人工	调试工	1003	工日	209.90	22.000	1.800	12.000	2.500
仪器仪表	数字多用表	4045	台班	3.600	4.000	—	1.000	0.200
	便携式计算机	4311	台班	18.000	—	0.250	—	—
	对讲机	4164	台班	1.500	5.000	0.400	—	—

第六节　安全防范系统调试

工作内容：安全防范系统联合调试、联动现场测量、记录、对比、调整。　　计量单位：系统

定额编号					03013001	03013002	03013003
项目名称					安全防范系统调试		
					≤ 200 点	≤ 400 点	≤ 600 点
预算基价					5742.03	10402.80	16112.42
其中	人工费（元）				5247.50	9445.50	14693.00
	材料费（元）				12.92	24.90	36.23
	机械费（元）				—	—	—
	仪器仪表费（元）				481.61	932.40	1383.19
名称		代号	单位	单价（元）	数量		
人工	调试工	1003	工日	209.90	25.000	45.000	70.000
材料	打印纸 132 行（381–1）	216009	包	25.060	0.100	0.200	0.300
	其他材料费	2999	元	—	10.410	19.890	28.710
仪器仪表	彩色监视器	4070	台班	27.810	5.000	10.000	15.000
	打印机	4270	台班	23.320	8.000	15.000	22.000
	对讲机	4164	台班	1.500	20.000	35.000	50.000
	数字多用表	4045	台班	3.600	10.000	20.000	30.000
	便携式计算机	4311	台班	18.000	5.000	10.000	15.000

工作内容：安全防范系统联合调试、联动现场测量、记录、对比、调整。　　计量单位：系统

定额编号					03013004	03013005	03013006
项目名称					安全防范系统调试		
					≤ 800 点	≤ 1000 点	> 1000 点，每增加 100 点
预算基价					20765.39	25270.82	2266.69
其中	人工费（元）				18891.00	23089.00	2099.00
	材料费（元）				47.91	59.42	6.03
	机械费（元）				—	—	—
	仪器仪表费（元）				1826.48	2122.40	161.66
名称		代号	单位	单价（元）	数量		
人工	调试工	1003	工日	209.90	90.000	110.000	10.000
材料	打印纸 132 行（381–1）	216009	包	25.060	0.400	0.500	0.050
	其他材料费	2999	元	—	37.890	46.890	4.780
仪器仪表	彩色监视器	4070	台班	27.810	20.000	20.000	2.000
	打印机	4270	台班	23.320	29.000	35.000	2.000
	对讲机	4164	台班	1.500	60.000	80.000	6.000
	数字多用表	4045	台班	3.600	40.000	50.000	4.000
	便携式计算机	4311	台班	18.000	20.000	25.000	2.000

第七节　安全防范系统工程试运行

工作内容：按工程规范要求，测试各项技术指标的稳定性、可靠性。　　　　计量单位：系统

定额编号					03014001	03014002
项目名称					200点以内	200点以上，每增加200点
预算基价					10077.97	3328.81
其中	人工费（元）				9445.50	3148.50
	材料费（元）				25.82	13.68
	机械费（元）				—	—
	仪器仪表费（元）				606.65	166.63
名称		代号	单位	单价（元）	数量	
人工	调试工	1003	工日	209.90	45.000	15.000
材料	打印纸132行（381-1）	216009	包	25.060	0.400	0.200
	其他材料费	2999	元	—	15.800	8.670
仪器仪表	彩色监视器	4070	台班	27.810	5.000	1.000
	打印机	4270	台班	23.320	5.000	1.000
	对讲机	4164	台班	1.500	30.000	5.000
	数字多用表	4045	台班	3.600	10.000	5.000
	便携式计算机	4311	台班	18.000	15.000	5.000

第四章
道路交通、停车场管理系统工程

说明及工程量计算规则

说　明

1. 本章主要内容包括：道路交通系统及停车场电子设备的安装调试及系统联调和试运行。

2. 本章不包括下列内容：设备基础和隐蔽管线施工；外场主干通信电缆，电力电缆和信号控制电缆的敷设施工及试运行；接地装置、避雷装置的制作与安装，安装调试设备必需的技术改造和修复施工。

3. 有关计算机及网络设备安装工程参照本册第一章有关子目。

4. 有关信息发布设备中显示设备安装工程参照本定额第三册《音频、视频、灯光、集中控制系统设备安装工程》有关子目。

5. 有关视频传输及监控设备安装工程参照本定额第三册《音频、视频、灯光及集中控制系统设备安装工程》有关子目。

6. 有关电源设备安装工程参照本定额第五册《洁净厂房、数控中心及电子环境工程》有关子目。

7. 在系统及分系统联调中：

（1）站或分中心联调是指一个站或分中心内部电子设备的联合调试；定额是以独立的一个站或一个分中心为计费基础。

（2）全系统联调是指系统内监控系统与收费系统之间的联合调试，定额中的站数为监控站与收费站之和。

工程量计算规则

1. 车辆检测设备、环境监测设备、信息发布设备、出入口设备、视频传输与监控设备、特殊供电设备、隧道监控设备以及收费站、监控所、分中心设备的安装、调试，以“台（套）”计算。

2. 系统互联与调试，分别以“车道”、“站（所）”以及“系统”计算。

3. 系统试运行，以“站（所）”计算。

第一节　车辆检测设备安装、调试

工作内容：1. 开箱检查、定位、机械安装、线缆连接、电气调试、指标测试、清理现场。

2. 划线、开槽、下线灌封。

计量单位：台（套）

定额编号					04001001	04001002	04001003	04001004
项目名称					环形线圈车辆检测器			
					单通道	双通道	四通道	八通道
预算基价					512.43	940.29	1529.65	2530.74
其中	人工费（元）				262.44	524.88	699.84	874.80
	材料费（元）				80.69	161.38	322.75	645.50
	机械费（元）				168.46	253.19	505.38	1008.76
	仪器仪表费（元）				0.84	0.84	1.68	1.68
	名称	代号	单位	单价（元）	数量			
人工	安装工	1002	工日	145.80	1.800	3.600	4.800	6.000
材料	胶泥环氧树脂 CE-12	209071	kg	30.000	2.000	4.000	8.000	16.000
	绝缘导线 RV-105（1.5mm^2）	214122	m	0.480	30.600	61.200	122.400	244.800
	其他材料费	2999	元	—	6.000	12.000	24.000	48.000
机械	路面切割机	3116	台班	334.920	0.500	0.750	1.500	3.000
	其他机具费	3999	元	—	1.000	2.000	3.000	4.000
仪器仪表	兆欧表	4288	台班	2.400	0.200	0.200	0.400	0.400
	数字多用表	4045	台班	3.600	0.100	0.100	0.200	0.200

工作内容：开箱检查、定位、机械安装、线缆连接、电气调试、指标测试、清理现场。

计量单位：台（套）

定额编号					04001005	04001006	04001007
项目名称					微波车辆检测器	视频车辆检测器	车高检测器
预算基价					773.69	526.12	332.76
其中	人工费（元）				699.84	437.40	262.44
	材料费（元）				27.22	19.28	50.00
	机械费（元）				43.03	38.03	18.52
	仪器仪表费（元）				3.60	31.41	1.80
	名称	代号	单位	单价（元）	数量		
人工	安装工	1002	工日	145.80	4.800	3.000	1.800
材料	膨胀螺栓 ϕ16	207163	套	2.700	—	—	16.000
	膨胀螺栓 ϕ12	207161	套	1.560	12.000	8.000	—
	其他材料费	2999	元	—	8.500	6.800	6.800
机械	液压升降机	3059	台班	33.030	1.000	1.000	0.500
	其他机具费	3999	元	—	10.000	5.000	2.000
仪器仪表	彩色监视器	4070	台班	27.810	—	1.000	—
	其他仪器仪表费	4999	元	—	3.600	3.600	1.800

第二节　环境检测设备安装、调试

工作内容：开箱检查、定位、机械安装、线缆连接、电气调试、指标测试、清理现场。

计量单位：台（套）

定额编号					04002001	04002002	04002003	04002004
项目名称					风向风速检测器	能见度检测器	路面结冰检测器	CO/VI检测器
预算基价					647.46	1370.14	1114.00	490.45
其中	人工费（元）				524.88	1224.72	787.32	349.92
	材料费（元）				31.50	21.64	32.22	16.61
	机械费（元）				80.28	111.18	272.86	109.52
	仪器仪表费（元）				10.80	12.60	21.60	14.40
	名　称	代号	单位	单价（元）	数　量			
人工	安装工	1002	工日	145.80	3.600	8.400	5.400	2.400
材料	合金钢钻头 D8	207704	个	5.030	2.000	2.000	2.000	1.000
	膨胀螺栓 ϕ10	207160	套	1.430	8.000	6.000	12.000	6.000
	其他材料费	2999	元	—	10.000	3.000	5.000	3.000
机械	电锤 520W	3095	台班	33.340	0.150	0.200	0.500	0.150
	路面切割机	3116	台班	334.920	—	—	0.200	—
	液压升降机	3059	台班	33.030	0.500	0.300	—	0.300
	发电机组≤6kW（汽油）	3114	台班	179.210	0.300	0.500	1.000	0.500
	其他机具费	3999	元	—	5.000	5.000	10.000	5.000
仪器仪表	便携式计算机	4311	台班	18.000	0.500	0.500	1.000	0.500
	其他仪器仪表费	4999	元	—	1.800	3.600	3.600	5.400

第三节 信息发布设备安装、调试

工作内容：开箱检查、定位、机械安装、线缆连接、电气调试、指标测试、清理现场。

计量单位：套

定额编号					04003001	04003002	04003003
项目名称					收费站信号系统		
					雨棚信号灯	交通信号灯	雾灯
预算基价					772.06	293.43	136.66
其中	人工费（元）				437.40	218.70	116.64
	材料费（元）				207.70	14.36	9.24
	机械费（元）				125.70	59.59	10.00
	仪器仪表费（元）				1.26	0.78	0.78
名称		代号	单位	单价（元）	数量		
人工	安装工	1002	工日	145.80	3.000	1.500	0.800
材料	绝缘护套电线 BVV−3×2.5	214145	m	—	—	（20.000）	（20.000）
	膨胀螺栓 ϕ12	207161	套	1.560	—	6.000	4.000
	膨胀螺栓 ϕ16	207163	套	2.700	6.000	—	—
	RVVP 铜芯聚氯乙烯绝缘聚氯乙烯护套屏蔽软线 四芯 1.5mm^2	214095	m	3.630	50.000	—	—
	其他材料费	2999	元	—	10.000	5.000	3.000
机械	液压升降机	3059	台班	33.030	0.500	—	—
	载货汽车 4t	3030	台班	445.940	0.200	0.100	—
	其他机具费	3999	元	—	20.000	15.000	10.000
仪器仪表	其他仪器仪表费	4999	元	—	1.260	0.780	0.780

工作内容：开箱检查、定位、机械安装、线缆连接、电气调试、指标测试、清理现场。

计量单位：套

定额编号					04003004	04003005	04003006	04003007
项目名称					城市道路信号系统			
					车辆通行信号灯	人行道信号灯	信号灯倒计时器	信号灯控制机
预算基价					723.14	423.17	805.22	661.31
其中	人工费（元）				437.40	291.60	524.88	524.88
	材料费（元）				31.60	31.60	26.20	15.80
	机械费（元）				252.88	99.19	252.88	116.49
	仪器仪表费（元）				1.26	0.78	1.26	4.14
	名称	代号	单位	单价（元）	数量			
人工	安装工	1002	工日	145.80	3.000	2.000	3.600	3.600
材料	绝缘护套电线 BVV-3×2.5	214145	m	—	（50.000）	（50.000）	（50.000）	（20.000）
	膨胀螺栓 ϕ16	207163	套	2.700	8.000	8.000	6.000	4.000
	其他材料费	2999	元	—	10.000	10.000	10.000	5.000
机械	液压升降机	3059	台班	33.030	0.300	—	0.300	—
	载货汽车 4t	3030	台班	445.940	0.500	0.200	0.500	0.250
	其他机具费	3999	元	—	20.000	10.000	20.000	5.000
仪器仪表	其他仪器仪表费	4999	元	—	1.260	0.780	1.260	4.140

工作内容：开箱检查、定位、机械安装、线缆连接、电气调试、指标测试、清理现场。

计量单位：套

定额编号					04003008	04003009	04003010	04003011
项目名称					停车场显示设备			
					停车场、出入口标志牌	空满标志牌	车位占用显示牌	通行诱导信息牌
预算基价					469.67	339.56	338.54	338.28
其中	人工费（元）				437.40	291.60	291.60	291.60
	材料费（元）				4.05	19.79	19.79	19.78
	机械费（元）				16.67	16.62	16.62	16.62
	仪器仪表费（元）				11.55	11.55	10.53	10.28
	名称	代号	单位	单价（元）	数量			
人工	安装工	1002	工日	145.80	3.000	2.000	2.000	2.000
材料	其他材料费	2999	元	—	4.050	19.790	19.790	19.780
机械	液压升降机	3059	台班	33.030	0.500	0.500	0.500	0.500
	其他机具费	3999	元	—	0.150	0.100	0.100	0.100
仪器仪表	便携式计算机	4311	台班	18.000	0.500	0.500	0.500	0.500
	其他仪器仪表费	4999	元	—	2.550	2.550	1.530	1.280

工作内容：开箱检查、定位、机械安装、线缆连接、电气调试、指标测试、清理现场。

计量单位：套

定额编号					04003012	04003013
项目名称					LED可变信息标志	
					门架式	悬臂式
预算基价					370.92	2707.21
其中	人工费（元）				218.70	2624.40
	材料费（元）				6.75	3.45
	机械费（元）				132.27	66.16
	仪器仪表费（元）				13.20	13.20
名称		代号	单位	单价（元）	数量	
人工	安装工	1002	工日	145.80	1.500	18.000
材料	其他材料费	2999	元	—	6.750	3.450
机械	液压升降机	3059	台班	33.030	4.000	2.000
	其他机具费	3999	元	—	0.150	0.100
仪器仪表	数字多用表	4045	台班	3.600	2.000	2.000
	对讲机	4164	台班	1.500	4.000	4.000

第四节　出入口设备安装、调试

工作内容：开箱检查、定位、机械安装、线缆连接、电气调试、指标测试、清理现场。

计量单位：台（套）

定额编号					04004001	04004002	04004003
项目名称					车道控制机	专用键盘	费用显示及报价器
预算基价					646.52	48.10	351.10
其中	人工费（元）				583.20	43.74	291.60
	材料费（元）				5.00	2.00	12.92
	机械费（元）				54.72	2.00	44.78
	仪器仪表费（元）				3.60	0.36	1.80
	名　称	代号	单位	单价（元）	数　量		
人工	安装工	1002	工日	145.80	4.000	0.300	2.000
材料	膨胀螺栓 ϕ8	207159	套	1.320	—	—	6.000
	其他材料费	2999	元	—	5.000	2.000	5.000
机械	电瓶车 2.5t	3050	台班	198.880	0.250	—	0.200
	其他机具费	3999	元	—	5.000	2.000	5.000
仪器仪表	其他仪器仪表费	4999	元	—	3.600	0.360	1.800

工作内容：开箱检查、定位、机械安装、线缆连接、电气调试、指标测试、清理现场。

计量单位：台（套）

定额编号					04004004	04004005	04004006	04004007
项目名称					栏杆装置		收据打印机	纸质磁条通行券读写机
					电动栏杆	手动栏杆		
预算基价					571.83	278.43	40.95	296.10
其中	人工费（元）				437.40	145.80	36.45	291.60
	材料费（元）				56.40	56.40	4.50	4.50
	机械费（元）				76.23	76.23	—	—
	仪器仪表费（元）				1.80	—	—	—
	名　称	代号	单位	单价（元）	数　量			
人工	安装工	1002	工日	145.80	3.000	1.000	0.250	2.000
材料	其他材料费	2999	元	—	56.400	56.400	4.500	4.500
机械	叉式起重机 3t	3026	台班	358.370	0.200	0.200	—	—
	其他机具费	3999	元	—	4.560	4.560	—	—
仪器仪表	数字多用表	4045	台班	3.600	0.500	—	—	—

工作内容：开箱检查、定位、机械安装、线缆连接、电气调试、指标测试、清理现场。

计量单位：台（套）

<table>
<tr><td colspan="5">定额编号</td><td>04004008</td><td>04004009</td><td>04004010</td><td>04004011</td></tr>
<tr><td colspan="5" rowspan="2">项目名称</td><td colspan="2">ETC 射频读写器</td><td rowspan="2">非接触式 IC 卡读写机</td><td rowspan="2">自动收、发卡机</td></tr>
<tr><td>收费岛安装</td><td>雨棚式安装</td></tr>
<tr><td colspan="5">预算基价</td><td>90.64</td><td>324.20</td><td>186.76</td><td>288.72</td></tr>
<tr><td rowspan="4">其中</td><td colspan="4">人工费（元）</td><td>72.90</td><td>291.60</td><td>174.96</td><td>262.44</td></tr>
<tr><td colspan="4">材料费（元）</td><td>9.24</td><td>5.00</td><td>3.00</td><td>17.48</td></tr>
<tr><td colspan="4">机械费（元）</td><td>6.78</td><td>23.30</td><td>6.78</td><td>6.78</td></tr>
<tr><td colspan="4">仪器仪表费（元）</td><td>1.72</td><td>4.30</td><td>2.02</td><td>2.02</td></tr>
<tr><td colspan="2">名称</td><td>代号</td><td>单位</td><td>单价（元）</td><td colspan="4">数量</td></tr>
<tr><td>人工</td><td>安装工</td><td>1002</td><td>工日</td><td>145.80</td><td>0.500</td><td>2.000</td><td>1.200</td><td>1.800</td></tr>
<tr><td rowspan="2">材料</td><td>膨胀螺栓 ϕ12</td><td>207161</td><td>套</td><td>1.560</td><td>4.000</td><td>—</td><td>—</td><td>8.000</td></tr>
<tr><td>其他材料费</td><td>2999</td><td>元</td><td>—</td><td>3.000</td><td>5.000</td><td>3.000</td><td>5.000</td></tr>
<tr><td rowspan="2">机械</td><td>液压升降机</td><td>3059</td><td>台班</td><td>33.030</td><td>—</td><td>0.500</td><td>—</td><td>—</td></tr>
<tr><td>其他机具费</td><td>3999</td><td>元</td><td>—</td><td>6.780</td><td>6.780</td><td>6.780</td><td>6.780</td></tr>
<tr><td>仪器仪表</td><td>其他仪器仪表费</td><td>4999</td><td>元</td><td>—</td><td>1.720</td><td>4.300</td><td>2.020</td><td>2.020</td></tr>
</table>

工作内容：开箱检查、定位、机械安装、线缆连接、电气调试、指标测试、清理现场。

计量单位：台（套）

<table>
<tr><td colspan="5">定额编号</td><td>04004012</td><td>04004013</td><td>04004014</td></tr>
<tr><td colspan="5">项目名称</td><td>车辆牌照识别装置</td><td>红外车辆识别装置</td><td>挡车器</td></tr>
<tr><td colspan="5">预算基价</td><td>563.86</td><td>628.98</td><td>371.29</td></tr>
<tr><td rowspan="4">其中</td><td colspan="4">人工费（元）</td><td>524.88</td><td>583.20</td><td>291.60</td></tr>
<tr><td colspan="4">材料费（元）</td><td>4.37</td><td>4.37</td><td>3.00</td></tr>
<tr><td colspan="4">机械费（元）</td><td>5.00</td><td>10.00</td><td>74.67</td></tr>
<tr><td colspan="4">仪器仪表费（元）</td><td>29.61</td><td>31.41</td><td>2.02</td></tr>
<tr><td colspan="2">名称</td><td>代号</td><td>单位</td><td>单价（元）</td><td colspan="3">数量</td></tr>
<tr><td>人工</td><td>安装工</td><td>1002</td><td>工日</td><td>145.80</td><td>3.600</td><td>4.000</td><td>2.000</td></tr>
<tr><td>材料</td><td>其他材料费</td><td>2999</td><td>元</td><td>—</td><td>4.370</td><td>4.370</td><td>3.000</td></tr>
<tr><td rowspan="2">机械</td><td>叉式起重机 3t</td><td>3026</td><td>台班</td><td>358.370</td><td>—</td><td>—</td><td>0.200</td></tr>
<tr><td>其他机具费</td><td>3999</td><td>元</td><td>—</td><td>5.000</td><td>10.000</td><td>3.000</td></tr>
<tr><td rowspan="2">仪器仪表</td><td>彩色监视器</td><td>4070</td><td>台班</td><td>27.810</td><td>1.000</td><td>1.000</td><td>—</td></tr>
<tr><td>其他仪器仪表费</td><td>4999</td><td>元</td><td>—</td><td>1.800</td><td>3.600</td><td>2.020</td></tr>
</table>

工作内容：1. 开箱检查、定位、机械安装、线缆连接、电气调试、指标测试、清理现场。

2. 划线、开槽、切割路面、制作基础、灌封成型。

计量单位：台（套）

定额编号					04004015	04004016	04004017	04004018
项目名称					计重收费装置			
					称重平台（含路面开挖等）	车辆分离器	轮轴识别仪	数据采集控制器（含装置调试）
预算基价					21933.33	607.34	803.33	1113.67
其中	人工费（元）				3645.00	218.70	291.60	1020.60
	材料费（元）				14765.42	22.48	28.72	56.24
	机械费（元）				3472.91	353.88	470.73	—
	仪器仪表费（元）				50.00	12.28	12.28	36.83
名称		代号	单位	单价（元）	数量			
人工	安装工	1002	工日	145.80	25.000	1.500	2.000	7.000
材料	镀锌电线管 40	201119	m	—	（80.000）	—	—	—
	预拌混凝土 C20	202151	m^3	463.010	15.000	—	—	—
	绝缘导线 RV-105（$1.5mm^2$）	214122	m	0.480	55.000	—	—	—
	膨胀螺栓 ϕ12	207161	套	1.560	15.000	8.000	12.000	4.000
	木模板	203080	m^2	58.730	25.000	—	—	—
	环氧树脂面涂	209442	kg	53.000	2.200	—	—	—
	地线 $11mm^2$	216078	m	30.000	12.000	—	—	—
	不锈钢焊条	207289	kg	55.460	22.000	—	—	—
	螺纹钢	201010	t	3881.000	0.500	—	—	—
	镀锌扁钢	201024	t	7900.000	0.050	—	—	—
	镀锌钢管 50	201049	t	6200.000	0.350	—	—	—
	其他材料费	2999	元	—	100.000	10.000	10.000	50.000
机械	载货汽车 20t	3034	台班	1066.230	0.250	—	—	—
	吊装机械 综合	3060	台班	416.400	1.000	—	—	—
	钢材电动煨弯机	3117	台班	107.820	2.000	—	—	—
	振动剪 JS3200	3106	台班	106.260	1.000	—	—	—
	交流弧焊机 ≤ 21kV·A	3099	台班	93.330	2.000	—	—	—
	路面切割机	3116	台班	334.920	1.000	—	—	—
	发电机组 ≤ 6kW（汽油）	3114	台班	179.210	3.000	1.500	2.000	—
	挖掘机 斗容量 $1m^3$	3118	台班	986.400	1.000	—	—	—
	载货汽车 6t	3031	台班	511.530	0.500	0.150	0.200	—
	电锤 520W	3095	台班	33.340	2.000	0.250	0.300	—
	其他机具费	3999	元	—	100.000	—	—	—
仪器仪表	接地电阻检测仪	4287	台班	14.510	—	—	—	0.250
	便携式计算机	4311	台班	18.000	—	—	—	0.500
	其他仪器仪表费	4999	元	—	50.000	12.280	12.280	24.200

第五节　隧道监控设备安装、调试

工作内容：开箱检查、定位、机械安装、线缆连接、电气调试、指标测试、清理现场。

计量单位：台（套）

定额编号					04005001	04005002	04005003	04005004
项目名称					隧道内CO+VI	洞内（外）亮度检测器	车道指示标志	风向风速测试仪
预算基价					1268.99	994.34	1674.85	810.78
其中	人工费（元）				699.84	524.88	524.88	349.92
	材料费（元）				57.19	67.19	175.59	57.19
	机械费（元）				509.60	396.91	968.66	398.31
	仪器仪表费（元）				2.36	5.36	5.72	5.36
	名称	代号	单位	单价（元）	数量			
人工	安装工	1002	工日	145.80	4.800	3.600	3.600	2.400
材料	镀锌钢管 50	201058	m	—	—	—	（16.000）	—
	VGA 插头	213405	个	—	（1.000）	（1.000）	—	—
	防锈漆	209020	kg	17.000	—	—	2.000	—
	角钢 63 以内	201016	kg	4.950	—	—	12.000	—
	膨胀螺栓 ϕ10	207160	套	1.430	12.000	12.000	12.000	12.000
	合金钢钻头 D8	207704	个	5.030	1.000	1.000	1.000	1.000
	其他材料费	2999	元	—	35.000	45.000	60.000	35.000
机械	液压升降机	3059	台班	33.030	2.000	1.500	1.500	1.000
	电动切割机	3145	台班	216.700	—	—	0.300	—
	交流弧焊机 ≤ 21kV·A	3099	台班	93.330	—	—	0.600	—
	冲击钻	3092	台班	27.860	0.300	0.100	0.500	0.100
	发电机组 ≤ 6kW（汽油）	3114	台班	179.210	1.000	0.500	1.200	0.600
	载货汽车 4t	3030	台班	445.940	0.500	0.500	1.200	0.500
	磨光机	3096	台班	20.000	0.150	0.100	0.200	0.100
	其他机具费	3999	元	—	30.000	30.000	30.000	30.000
仪器仪表	其他仪器仪表费	4999	元	—	2.360	5.360	5.720	5.360

第六节　收费站、监控所、分中心软件安装、调试

工作内容：软件安装与测试。　　　　　　　　　　计量单位：系统

定额编号					04006001	04006002	04006003
项目名称					软件		
					站级	分中心级	联网收费结算中心
预算基价					3735.92	7511.84	9369.80
其中	人工费（元）				3499.20	6998.40	8748.00
	材料费（元）				229.52	499.04	603.80
	机械费（元）				—	—	—
	仪器仪表费（元）				7.20	14.40	18.00
	名称	代号	单位	单价（元）	数量		
人工	安装工	1002	工日	145.80	24.000	48.000	60.000
材料	光盘	216023	张	10.000	10.000	25.000	30.000
	复印纸 A4	216026	包	27.380	4.000	8.000	10.000
	其他材料费	2999	元	—	20.000	30.000	30.000
仪器仪表	其他仪器仪表费	4999	元	—	7.200	14.400	18.000

第七节　系统互联与调试

工作内容：收费系统联调（工作准备、接口调试、系统调试、指标测试）。　　　　　　　　　　计量单位：车道

定额编号					04007001	04007002	04007003	04007004
项目名称					收费站			
					5 个车道以内	10 个车道以内	15 个车道以内	每增加 1 个车道
预算基价					8589.46	12934.94	17290.42	1094.29
其中	人工费（元）				8396.00	12594.00	16792.00	1049.50
	材料费（元）				174.76	307.14	449.52	40.69
	机械费（元）				10.00	20.00	30.00	2.00
	仪器仪表费（元）				8.70	13.80	18.90	2.10
	名称	代号	单位	单价（元）	数量			
人工	调试工	1003	工日	209.90	40.000	60.000	80.000	5.000
材料	复印纸 A4	216026	包	27.380	2.000	3.000	4.000	0.500
	光盘	216023	张	10.000	11.000	21.000	32.000	2.200
	其他材料费	2999	元	—	10.000	15.000	20.000	5.000
机械	其他机具费	3999	元	—	10.000	20.000	30.000	2.000
仪器仪表	其他仪器仪表费	4999	元	—	8.700	13.800	18.900	2.100

工作内容：分中心系统联调（工作准备、接口调试、系统调试、指标测试）。　　计量单位：站（所）

定额编号					04007005	04007006	04007007
项目名称					分中心		
					5个站（所）以内	10个站（所）以内	每增加1个站（所）
预算基价					18494.48	28373.44	3684.42
其中	人工费（元）				12594.00	16792.00	2518.80
	材料费（元）				414.28	609.04	67.38
	机械费（元）				5442.70	10885.40	1089.54
	仪器仪表费（元）				43.50	87.00	8.70
	名称	代号	单位	单价（元）	数量		
人工	调试工	1003	工日	209.90	60.000	80.000	12.000
材料	复印纸 A4	216026	包	27.380	6.000	8.000	1.000
	光盘	216023	张	10.000	22.000	34.000	3.500
	其他材料费	2999	元	—	30.000	50.000	5.000
机械	工程车	3111	台班	542.270	10.000	20.000	2.000
	其他机具费	3999	元	—	20.000	40.000	5.000
仪器仪表	其他仪器仪表费	4999	元	—	43.500	87.000	8.700

工作内容：1. 收费系统与监控系统联调（工作准备、接口调试、系统调试、指标测试）。
2. 联网收费系统联调。
3. 停车场管理系统联调。　　计量单位：系统

定额编号					04007008	04007009	04007010	04007011
项目名称					收费系统与监控系统互联	联网收费结算中心	停车场管理系统	
							≤2进2出	每增加1进1出
预算基价					10787.50	53937.50	744.40	211.85
其中	人工费（元）				10495.00	52475.00	734.65	209.90
	材料费（元）				—	—	—	—
	机械费（元）				—	—	—	—
	仪器仪表费（元）				292.50	1462.50	9.75	1.95
	名称	代号	单位	单价（元）	数量			
人工	调试工	1003	工日	209.90	50.000	250.000	3.500	1.000
仪器仪表	便携式计算机	4311	台班	18.000	15.000	75.000	0.500	0.100
	对讲机	4164	台班	1.500	15.000	75.000	0.500	0.100

工作内容：城市道路管理系统联调（工作准备、接口调试、系统调试、指标测试）。

计量单位：系统

定额编号				04007012	04007013	04007014	04007015
项目名称				城市道路信号管理系统		电子警察系统	
				1个交叉口	每增加1个交叉口	1个车道	每增加1个车道
预算基价				1082.62	439.51	454.02	229.16
其中	人工费（元）			1049.50	419.80	419.80	209.90
	材料费（元）			5.00	3.00	3.00	2.00
	机械费（元）			21.52	13.26	19.52	11.26
	仪器仪表费（元）			6.60	3.45	11.70	6.00
名称		代号	单位	单价（元）	数量		
人工	调试工	1003	工日	209.90	5.000	2.000	2.000	1.000
材料	其他材料费	2999	元	—	5.000	3.000	3.000	2.000
机械	液压升降机	3059	台班	33.030	0.500	0.250	0.500	0.250
	其他机具费	3999	元	—	5.000	5.000	3.000	3.000
仪器仪表	便携式计算机	4311	台班	18.000	—	—	0.500	0.250
	对讲机	4164	台班	1.500	1.000	0.600	0.600	0.400
	其他仪器仪表费	4999	元	—	5.100	2.550	1.800	0.900

第八节　系统试运行

工作内容：工作准备、系统运行、指标测试、故障修复、系统验交。

计量单位：站（所）

定额编号					04008001	04008002	04008003	04008004
项目名称					5个站（所）以内	10个站（所）以内	15个站（所）以内	每增加1个站（所）
预算基价					28641.35	42972.03	57302.70	4470.87
其中	人工费（元）				25188.00	37782.00	50376.00	3778.20
	材料费（元）				20.00	30.00	40.00	5.00
	机械费（元）				2731.35	4107.03	5482.70	547.27
	仪器仪表费（元）				702.00	1053.00	1404.00	140.40
名称		代号	单位	单价（元）	数量			
人工	调试工	1003	工日	209.90	120.000	180.000	240.000	18.000
材料	其他材料费	2999	元	—	20.000	30.000	40.000	5.000
机械	工程车	3111	台班	542.270	5.000	7.500	10.000	1.000
	其他机具费	3999	元	—	20.000	40.000	60.000	5.000
仪器仪表	便携式计算机	4311	台班	18.000	36.000	54.000	72.000	7.200
	对讲机	4164	台班	1.500	36.000	54.000	72.000	7.200

第五章
自动售检票系统工程

说明及工程量计算规则

说　　明

本章主要内容包括：中央自动售检票设备、清分中心自动售检票设备、车站自动售检票设备的安装、调试。

工程量计算规则

1. 车站售、检票设备安装、调试，以“台”计算。
2. 自动售检票计算机设备及软件安装、调试，以“台（套）”计算。
3. 自动售检票网络设备安装、调试，以“台（套）”计算。
4. 系统互联与调试，以“系统”计算。

第一节　清分中心自动售检票设备安装调试

工作内容：开箱检验、清洁搬运、定位、安装设备及测试、试验开通、记录。　　计量单位：站

定额编号					05001001	05001002	05001003
项目名称					结算与清分系统设备	车票分类 / 编码机	全线自动售检票系统联网调试
预算基价					6272.88	4290.00	24362.80
其中	人工费（元）				6181.92	4199.04	24348.40
	材料费（元）				71.05	71.05	—
	机械费（元）				—	—	—
	仪器仪表费（元）				19.91	19.91	14.40
名称		代号	单位	单价（元）	数量		
人工	安装工	1002	工日	145.80	42.400	28.800	—
	调试工	1003	工日	209.90	—	—	116.000
材料	塑料软管 ϕ12	210037	m	0.470	15.000	15.000	—
	工业酒精	209129	kg	25.000	0.200	0.200	—
	尼龙扎带 L100	210066	根	0.360	150.000	150.000	—
	其他材料费	2999	元	—	5.000	5.000	—
仪器仪表	接地电阻检测仪	4287	台班	14.510	1.000	1.000	—
	数字多用表	4045	台班	3.600	1.500	1.500	4.000

第二节　车站自动售检票设备安装调试

工作内容：定位、打眼、安装、间距调试、水平调试、线缆引入、配线、设备调试。　　计量单位：台

定额编号					05002001	05002002	05002003	05002004	05002005
项目名称					半自动售票机	自动售票机	自动充值、验票机	进、出站检票闸机	双向检票闸机
预算基价					2506.76	2302.64	1602.80	2506.76	3206.60
其中	人工费（元）				2449.44	2245.32	1545.48	2449.44	3149.28
	材料费（元）				43.56	43.56	43.56	43.56	43.56
	机械费（元）				—	—	—	—	—
	仪器仪表费（元）				13.76	13.76	13.76	13.76	13.76
名称		代号	单位	单价（元）	数量				
人工	安装工	1002	工日	145.80	16.800	15.400	10.600	16.800	21.600
材料	接插件	213432	个	2.500	10.000	10.000	10.000	10.000	10.000
	尼龙扎带 L100	210066	根	0.360	20.000	20.000	20.000	20.000	20.000
	膨胀螺栓 ϕ12	207161	套	1.560	4.080	4.080	4.080	4.080	4.080
	其他材料费	2999	元	—	5.000	5.000	5.000	5.000	5.000
仪器仪表	接地电阻检测仪	4287	台班	14.510	0.700	0.700	0.700	0.700	0.700
	数字多用表	4045	台班	3.600	1.000	1.000	1.000	1.000	1.000

工作内容：闸机端头箱：定位、设备安装、配线、设备调试；紧急按钮箱：定位、安装、线缆引入、配线；自动查询机：定位、设备安装、配线、设备调试。

定额编号					05002006	05002007	05002008	05002009	05002010
项目名称					闸机端头箱	紧急按钮箱	自动查询机	车票清点包装设备	车票清洁消毒设备
					台	个	台	台	台
预算基价					321.16	127.03	240.94	424.86	424.86
其中	人工费（元）				291.60	116.64	218.70	419.80	419.80
	材料费（元）				15.80	10.39	21.52	5.06	5.06
	机械费（元）				—	—	—	—	—
	仪器仪表费（元）				13.76	—	0.72	—	—
	名称	代号	单位	单价（元）	数量				
人工	安装工	1002	工日	145.80	2.000	0.800	1.500	—	—
	调试工	1003	工日	209.90	—	—	—	2.000	2.000
材料	其他材料费	2999	元	—	15.800	10.390	21.520	5.060	5.060
仪器仪表	接地电阻检测仪	4287	台班	14.510	0.700	—	—	—	—
	数字多用表	4045	台班	3.600	1.000	—	0.200	—	—

工作内容：车票清点包装设备、车票清洁消毒设备：开箱检查、搬运、定位、保护、加电调试；操作台：开箱检查、搬运、定位、保护。

计量单位：车站系统

定额编号					05002011
项目名称					车站自动售检票系统设备联网调试
预算基价					14707.60
其中	人工费（元）				14273.20
	材料费（元）				—
	机械费（元）				—
	仪器仪表费（元）				434.40
	名称	代号	单位	单价（元）	数量
人工	调试工	1003	工日	209.90	68.000
仪器仪表	对讲机	4164	台班	1.500	40.000
	便携式计算机	4311	台班	18.000	20.000
	数字多用表	4045	台班	3.600	4.000

第三节　自动售检票系统调试

工作内容：按验收规范标准要求调测。　　　　计量单位：系统

定额编号					05003001	05003002	05003003
项目名称					自动售检票系统调试		
					≤ 15 站	≤ 25 站	> 25 站
预算基价					8724.80	10899.70	13053.00
其中	人工费（元）				8396.00	10495.00	12594.00
	材料费（元）				—	—	—
	机械费（元）				—	—	—
	仪器仪表费（元）				328.80	404.70	459.00
名称		代号	单位	单价（元）	数量		
人工	调试工	1003	工日	209.90	40.000	50.000	60.000
仪器仪表	对讲机	4164	台班	1.500	20.000	25.000	30.000
	便携式计算机	4311	台班	18.000	15.000	18.000	20.000
	数字多用表	4045	台班	3.600	8.000	12.000	15.000

第六章
住宅小区管理系统安装工程

说明及工程量计算规则

说　明

1. 本章主要内容包括：住宅控制系统设备安装、住宅智能化系统设备调试、小区智能化系统设备调试、小区智能化系统试运行。

2. 本章设备按成套购置考虑。

工程量计算规则

1. 住宅小区智能化设备安装工程，以“台”计算。

2. 住宅小区智能化设备系统调试，以“套”（管理中心调试以“系统”）计算。

3. 小区智能化系统试运行、测试，以“系统”计算。

第一节 住宅控制系统设备安装

工作内容：开箱检查、安装、接线、性能实验。　　计量单位：台

定额编号					06001001
项目名称					住宅智能控制器
					住宅电器监控装置（≤8点）
预算基价					306.15
其中	人工费（元）				291.60
	材料费（元）				4.29
	机械费（元）				—
	仪器仪表费（元）				10.26
名称		代号	单位	单价（元）	数量
人工	安装工	1002	工日	145.80	2.000
材料	其他材料费	2999	元	—	4.290
仪器仪表	数字多用表	4045	台班	3.600	0.100
	便携式计算机	4311	台班	18.000	0.500
	其他仪器仪表费	4999	元	—	0.900

工作内容：开箱检查、划线、定位、安装、接线、调整、性能实验。　　计量单位：台

定额编号					06001002	06001003	06001004	06001005
项目名称					非可视对讲户内机	非可视对讲户外机	对讲电源箱	蓄电池
预算基价					107.76	190.38	149.15	30.93
其中	人工费（元）				102.06	174.96	145.80	29.16
	材料费（元）				4.44	4.44	2.45	1.05
	机械费（元）				—	—	—	—
	仪器仪表费（元）				1.26	10.98	0.90	0.72
名称		代号	单位	单价（元）	数量			
人工	安装工	1002	工日	145.80	0.700	1.200	1.000	0.200
材料	其他材料费	2999	元	—	4.440	4.440	2.450	1.050
仪器仪表	便携式计算机	4311	台班	18.000	—	0.500	—	—
	数字多用表	4045	台班	3.600	0.200	0.200	0.100	0.050
	其他仪器仪表费	4999	元	—	0.540	1.260	0.540	0.540

工作内容：开箱检查、划线、定位、安装、接线、性能实验。 计量单位：台

定额编号					06001006	06001007	06001008
项目名称					住宅电气控制设备		
					勿扰/清扫/门铃面板	门铃	门磁
预算基价					150.12	164.27	148.85
其中	人工费（元）				145.80	145.80	145.80
	材料费（元）				3.06	2.45	2.15
	机械费（元）				—	—	—
	仪器仪表费（元）				1.26	16.02	0.90
	名称	代号	单位	单价（元）	数量		
人工	安装工	1002	工日	145.80	1.000	1.000	1.000
材料	其他材料费	2999	元	—	3.060	2.450	2.150
仪器仪表	便携式计算机	4311	台班	18.000	—	0.800	—
	数字多用表	4045	台班	3.600	0.200	0.100	0.100
	其他仪器仪表费	4999	元	—	0.540	1.260	0.540

工作内容：开箱检查、定位、安装、接线、性能实验。 计量单位：台

定额编号					06001009	06001010	06001011
项目名称					住宅电气控制设备		
					电动窗帘	调光面板	多媒体面板
预算基价					237.66	159.41	156.71
其中	人工费（元）				218.70	145.80	145.80
	材料费（元）				2.76	2.45	2.45
	机械费（元）				—	—	—
	仪器仪表费（元）				16.20	11.16	8.46
	名称	代号	单位	单价（元）	数量		
人工	安装工	1002	工日	145.80	1.500	1.000	1.000
材料	其他材料费	2999	元	—	2.760	2.450	2.450
仪器仪表	数字多用表	4045	台班	3.600	0.150	0.100	0.100
	便携式计算机	4311	台班	18.000	0.800	0.500	0.400
	其他仪器仪表费	4999	元	—	1.260	1.800	0.900

工作内容：开箱检查、安装、接线、性能实验。 计量单位：个

定额编号					06001012	06001013	06001014	06001015
项目名称					复位开关面板			
					1 路	2 路	3 路	4 路
预算基价					16.56	24.56	28.17	33.20
其中	人工费（元）				14.58	21.87	24.79	29.16
	材料费（元）				1.37	1.68	1.98	2.29
	机械费（元）				—	—	—	—
	仪器仪表费（元）				0.61	1.01	1.40	1.75
名称		代号	单位	单价（元）	数量			
人工	安装工	1002	工日	145.80	0.100	0.150	0.170	0.200
材料	其他材料费	2999	元	—	1.370	1.680	1.980	2.290
仪器仪表	数字多用表	4045	台班	3.600	0.020	0.030	0.040	0.050
	其他仪器仪表费	4999	元	—	0.540	0.900	1.260	1.570

工作内容：开箱检查、安装、接线、性能实验。 计量单位：台

定额编号					06001016	06001017	06001018	06001019
项目名称					一体化控制模块		模块化控制模块	
					≤ 16 回路	≤ 32 回路	≤ 8 路	≤ 16 路
预算基价					470.41	786.66	322.79	558.14
其中	人工费（元）				437.40	729.00	291.60	510.30
	材料费（元）				20.59	37.32	13.37	21.08
	机械费（元）				—	—	—	—
	仪器仪表费（元）				12.42	20.34	17.82	26.76
名称		代号	单位	单价（元）	数量			
人工	安装工	1002	工日	145.80	3.000	5.000	2.000	3.500
材料	其他材料费	2999	元	—	20.590	37.320	13.370	21.080
仪器仪表	数字多用表	4045	台班	3.600	0.800	1.400	0.600	1.000
	便携式计算机	4311	台班	18.000	0.500	0.800	0.800	1.200
	其他仪器仪表费	4999	元	—	0.540	0.900	1.260	1.560

工作内容：开箱检查、安装、接线、性能实验。 计量单位：台

定额编号				06001020	06001021	06001022
项目名称				调光控制模块		
				2路	4路	8路
预算基价				232.02	312.02	394.42
其中	人工费（元）			218.70	291.60	364.50
	材料费（元）			3.06	3.68	4.90
	机械费（元）			—	—	—
	仪器仪表费（元）			10.26	16.74	25.02
名称		代号	单位	单价（元）	数量		
人工	安装工	1002	工日	145.80	1.500	2.000	2.500
材料	其他材料费	2999	元	—	3.060	3.680	4.900
仪器仪表	数字多用表	4045	台班	3.600	0.200	0.400	0.600
	便携式计算机	4311	台班	18.000	0.500	0.800	1.200
	其他仪器仪表费	4999	元	—	0.540	0.900	1.260

工作内容：开箱检查、划线、定位、安装、接线、性能实验。 计量单位：台

定额编号					06001023	06001024	06001025	06001026
项目名称					住宅智能控制箱			
					明装	暗装	箱内智能控制器	扩展器
预算基价					74.76	89.34	147.41	72.31
其中	人工费（元）				58.32	72.90	116.64	58.32
	材料费（元）				16.08	16.08	5.39	4.27
	机械费（元）				—	—	—	—
	仪器仪表费（元）				0.36	0.36	25.38	9.72
名称		代号	单位	单价（元）	数量			
人工	安装工	1002	工日	145.80	0.400	0.500	0.800	0.400
材料	其他材料费	2999	元	—	16.080	16.080	5.390	4.270
仪器仪表	便携式计算机	4311	台班	18.000	—	—	0.100	—
	示波器	4116	台班	90.000	—	—	0.250	0.100
	数字多用表	4045	台班	3.600	0.100	0.100	0.200	0.100
	其他仪器仪表费	4999	元	—	—	—	0.360	0.360

工作内容：开箱检查、划线、定位、安装、接线、性能实验。

定额编号					06001027	06001028	06001029	06001030
项目名称					住宅智能布线箱			
					明装	暗装	箱内配线架	网络设备
					台	台	套	台
预算基价					64.60	79.18	15.89	59.63
其中	人工费（元）				58.32	72.90	14.58	58.32
	材料费（元）				6.28	6.28	1.31	1.31
	机械费（元）				—	—	—	—
	仪器仪表费（元）				—	—	—	—
	名称	代号	单位	单价（元）	数量			
人工	安装工	1002	工日	145.80	0.400	0.500	0.100	0.400
材料	其他材料费	2999	元	—	6.280	6.280	1.310	1.310

工作内容：开箱检查安装、接线、调整和性能实验。

定额编号					06001031	06001032
项目名称					住宅控制管理中心设备	
					管理机（台）	管理软件（套）
预算基价					545.20	647.70
其中	人工费（元）				524.75	629.70
	材料费（元）				0.29	—
	机械费（元）				—	—
	仪器仪表费（元）				20.16	18.00
	名称	代号	单位	单价（元）	数量	
人工	调试工	1003	工日	209.90	2.500	3.000
材料	其他材料费	2999	元	—	0.290	—
仪器仪表	数字多用表	4045	台班	3.600	0.500	—
	便携式计算机	4311	台班	18.000	1.000	1.000
	其他仪器仪表费	4999	元	—	0.360	—

第二节　住宅智能化系统设备调试

工作内容：软件安装设置、调试、线缆整理。　　　　计量单位：台

定额编号					06002001	06002002	06002003
项目名称					电器监控系统（8点以内）	可视对讲户内机	可视对讲户外机（每户）
预算基价					842.32	124.47	97.82
其中	人工费（元）				629.70	104.95	83.96
	材料费（元）				1.67	0.57	0.57
	机械费（元）				—	—	—
	仪器仪表费（元）				210.95	18.95	13.29
	名　称	代号	单位	单价（元）	数　量		
人工	调试工	1003	工日	209.90	3.000	0.500	0.400
材料	其他材料费	2999	元	—	1.670	0.570	0.570
仪器仪表	数字多用表	4045	台班	3.600	0.500	0.100	0.100
	示波器	4116	台班	90.000	1.970	0.200	0.100
	便携式计算机	4311	台班	18.000	1.500	—	0.200
	其他仪器仪表费	4999	元	—	4.850	0.590	0.330

第三节　小区智能化系统设备调试

工作内容：开箱检查、安装、接线、性能实验。　　　　计量单位：系统

定额编号					06003001	06003002
项目名称					小区物业管理系统设备	可视对讲信息网络设备
预算基价					8762.08	17791.08
其中	人工费（元）				8396.00	16792.00
	材料费（元）				6.08	6.08
	机械费（元）				—	—
	仪器仪表费（元）				360.00	993.00
	名　称	代号	单位	单价（元）	数　量	
人工	调试工	1003	工日	209.90	40.000	80.000
材料	其他材料费	2999	元	—	6.080	6.080
仪器仪表	数字多用表	4045	台班	3.600	—	5.000
	便携式计算机	4311	台班	18.000	20.000	50.000
	其他仪器仪表费	4999	元	—	—	75.000

工作内容：调试、调整、性能实验对比。　　　　计量单位：台

定额编号					06003003	06003004	06003005
项目名称					联网锁系统调试（每户）	住宅电气控制设备（每户）	调光系统（每回路）
预算基价					641.59	641.59	641.59
其中	人工费（元）				524.75	524.75	524.75
	材料费（元）				3.20	3.20	3.20
	机械费（元）				—	—	—
	仪器仪表费（元）				113.64	113.64	113.64
名称		代号	单位	单价（元）	数量		
人工	调试工	1003	工日	209.90	2.500	2.500	2.500
材料	其他材料费	2999	元	—	3.200	3.200	3.200
仪器仪表	数字多用表	4045	台班	3.600	0.100	0.100	0.100
	示波器	4116	台班	90.000	0.800	0.800	0.800
	便携式计算机	4311	台班	18.000	2.000	2.000	2.000
	其他仪器仪表费	4999	元	—	5.280	5.280	5.280

工作内容：软件安装设置、功能调试。　　　　计量单位：系统

定额编号					06003006	06003007	06003008	06003009
项目名称					小区住宅智能系统调试（每户）			
					≤ 1000 户	≤ 3000 户	≤ 5000 户	＞ 5000 户，每增加 1000 户
预算基价					24.47	31.20	40.02	22367.00
其中	人工费（元）				23.09	29.39	37.78	20990.00
	材料费（元）				—	—	—	—
	机械费（元）				—	—	—	—
	仪器仪表费（元）				1.38	1.81	2.24	1377.00
名称		代号	单位	单价（元）	数量			
人工	调试工	1003	工日	209.90	0.110	0.140	0.180	100.000
仪器仪表	对讲机	4164	台班	1.500	0.030	0.030	0.030	30.000
	数字多用表	4045	台班	3.600	0.010	0.010	0.010	10.000
	便携式计算机	4311	台班	18.000	0.060	0.080	0.100	60.000
	其他仪器仪表费	4999	元	—	0.220	0.290	0.360	216.000

第四节　小区智能化系统试运行

工作内容：按工程规范标准要求，测试各项技术指标的稳定性、可靠性。　　计量单位：系统

定额编号					06004001	06004002
项目名称					小区物业管理系统	可视对讲信息网络系统
预算基价					9645.04	19120.54
其中	人工费（元）				9445.50	18891.00
	材料费（元）				2.74	2.74
	机械费（元）				—	—
	仪器仪表费（元）				196.80	226.80
	名称	代号	单位	单价（元）	数量	
人工	调试工	1003	工日	209.90	45.000	90.000
材料	其他材料费	2999	元	—	2.740	2.740
仪器仪表	对讲机	4164	台班	1.500	10.000	30.000
	数字多用表	4045	台班	3.600	3.000	3.000
	便携式计算机	4311	台班	18.000	5.000	5.000
	其他仪器仪表费	4999	元	—	81.000	81.000

工作内容：按工程规范标准要求，测试各项技术指标的稳定性、可靠性。　　计量单位：系统

定额编号					06004003	06004004
项目名称					联网锁系统	住宅电气控制系统
预算基价					9718.54	9718.54
其中	人工费（元）				9445.50	9445.50
	材料费（元）				2.74	2.74
	机械费（元）				—	—
	仪器仪表费（元）				270.30	270.30
	名称	代号	单位	单价（元）	数量	
人工	调试工	1003	工日	209.90	45.000	45.000
材料	复印纸 A4	216026	包	27.380	0.100	0.100
仪器仪表	对讲机	4164	台班	1.500	25.000	25.000
	数字多用表	4045	台班	3.600	3.000	3.000
	便携式计算机	4311	台班	18.000	5.000	5.000
	其他仪器仪表费	4999	元	—	132.000	132.000

第七章
建筑设备自动化系统工程

说明及工程量计算规则

说　明

1. 本章主要内容包括：多表远传系统、楼宇自控系统设备安装调试及建筑设备自动化系统联调和试运行。

2. 本章定额不包括设备的支架、支座制作。

工程量计算规则

1. 基表及控制设备、第三方设备通信接口安装、抄表采集系统安装、调试，以“个”计算。

2. 中心管理系统调试、控制网络通信设备安装、控制器安装、流量计安装、调试，以“台”计算。

3. 楼宇自控中央管理系统安装、调试，以“系统”计算。

4. 楼宇自控用户软件安装、调试，以“套”计算。

5. 温、湿度传感器、压力传感器、电量变送器和其他传感器及变送器，以“支”计算。

6. 阀门及电动执行机构安装、调试，以“个”计算。

第一节　多表远传系统

一、基表及控制设备安装

工作内容：开箱检查、切管、套丝、制垫、加垫、安装、接线、压力试验。　　计量单位：个

定额编号					07001001	07001002	07001003	07001004	07001005
项目名称					远传基表				
					远传冷/热水表（螺纹）	远传冷/热水表（法兰）	远传脉冲电表	远传煤气表	远传冷/热量表
预算基价					79.98	404.91	57.22	87.33	103.26
其中	人工费（元）				72.90	364.50	51.03	80.19	94.77
	材料费（元）				4.29	9.61	6.01	4.35	5.70
	机械费（元）				2.61	30.62	—	2.61	2.61
	仪器仪表费（元）				0.18	0.18	0.18	0.18	0.18
名称		代号	单位	单价（元）	数量				
人工	安装工	1002	工日	145.80	0.500	2.500	0.350	0.550	0.650
材料	电焊条 综合	207290	kg	6.000	—	1.000	—	—	—
	其他材料费	2999	元	—	4.290	3.610	6.010	4.350	5.700
机械	交流弧焊机 ≤ 32kV·A	3100	台班	140.710	—	0.200	—	—	—
	手动液压叉车	3065	台班	12.400	—	0.200	—	—	—
	电动套丝机	3147	台班	26.070	0.100	—	—	0.100	0.100
仪器仪表	数字多用表	4045	台班	3.600	0.050	0.050	0.050	0.050	0.050

工作内容：开箱检查、切管、套丝、制垫、加垫、安装、接线、压力试验。　　计量单位：个

定额编号					07001006	07001007
项目名称					基表	
					远传蒸汽表	远传氧气表
预算基价					87.31	87.33
其中	人工费（元）				80.19	80.19
	材料费（元）				4.33	4.35
	机械费（元）				2.61	2.61
	仪器仪表费（元）				0.18	0.18
	名称	代号	单位	单价（元）	数量	
人工	安装工	1002	工日	145.80	0.550	0.550
材料	其他材料费	2999	元	—	4.330	4.350
机械	电动套丝机	3147	台班	26.070	0.100	0.100
仪器仪表	数字多用表	4045	台班	3.600	0.050	0.050

工作内容：测量、定位、划线、切管、套丝、连接、固定、接线、压力试验。　　计量单位：个

定额编号					07001008	07001009
项目名称					燃气用电动阀（≤ *DN*32）	冷/热水用电动阀（≤ *DN*32）
预算基价					84.66	77.37
其中	人工费（元）				80.19	72.90
	材料费（元）				4.29	4.29
	机械费（元）				—	—
	仪器仪表费（元）				0.18	0.18
	名称	代号	单位	单价（元）	数量	
人工	安装工	1002	工日	145.80	0.550	0.500
材料	其他材料费	2999	元	—	4.290	4.290
仪器仪表	数字多用表	4045	台班	3.600	0.050	0.050

二、抄表采集系统安装、调试

工作内容：开箱检查、固定安装、接线、单体测试。　　　　计量单位：个

定额编号					07002001	07002002	07002003	07002004
项目名称					动力载波抄表集中器	集中式远程总线抄表采集器	集中式远程总线抄表主机	分散式远程总线抄表采集器
预算基价					107.86	139.39	475.93	307.91
其中	人工费（元）				73.47	104.95	440.79	272.87
	材料费（元）				34.21	34.26	34.96	34.68
	机械费（元）				—	—	—	—
	仪器仪表费（元）				0.18	0.18	0.18	0.36
名称		代号	单位	单价（元）	数量			
人工	调试工	1003	工日	209.90	0.350	0.500	2.100	1.300
材料	其他材料费	2999	元	—	34.210	34.260	34.960	34.680
仪器仪表	数字多用表	4045	台班	3.600	0.050	0.050	0.050	0.100

工作内容：开箱检查、固定安装、接线、单体测试。　　　　计量单位：个

定额编号					07002005	07002006	07002007	07002008	07002009
项目名称					分散式远程总线抄表主机	抄表控制箱	多表采集智能终端（含控制）	多表采集智能终端调试	读表器
预算基价					223.92	97.50	136.41	318.23	65.08
其中	人工费（元）				188.91	62.97	94.46	314.85	33.58
	材料费（元）				34.29	34.17	41.59	3.02	31.14
	机械费（元）				—	—	—	—	—
	仪器仪表费（元）				0.72	0.36	0.36	0.36	0.36
名称		代号	单位	单价（元）	数量				
人工	调试工	1003	工日	209.90	0.900	0.300	0.450	1.500	0.160
材料	其他材料费	2999	元	—	34.290	34.170	41.590	3.020	31.140
仪器仪表	数字多用表	4045	台班	3.600	0.200	0.100	0.100	0.100	0.100

工作内容：设备开箱检验、就位安装、接线、软件安装、调试。　计量单位：个

定额编号					07002010	07002011	07002012	07002013
项目名称					采集器电源	通信接口卡	便携式抄收仪	分线器
预算基价					77.57	193.10	32.17	22.58
其中	人工费（元）				72.90	174.96	29.16	18.95
	材料费（元）				4.67	4.12	3.01	3.63
	机械费（元）				—	—	—	—
	仪器仪表费（元）				—	14.02	—	—
名称		代号	单位	单价（元）	数量			
人工	安装工	1002	工日	145.80	0.500	1.200	0.200	0.130
材料	其他材料费	2999	元	—	4.670	4.120	3.010	3.630
仪器仪表	数字多用表	4045	台班	3.600	—	0.100	—	—
	便携式计算机	4311	台班	18.000	—	0.500	—	—
	打印机	4270	台班	23.320	—	0.200	—	—

三、中心管理系统

工作内容：设备开箱检验、就位安装、跳线制作连接、软件安装、调试。　计量单位：台

定额编号					07003001	07003002
项目名称					通信接口转换器	抄表网关
预算基价					72.02	68.76
其中	人工费（元）				62.97	62.97
	材料费（元）				4.74	3.81
	机械费（元）				—	—
	仪器仪表费（元）				4.31	1.98
名称		代号	单位	单价（元）	数量	
人工	调试工	1003	工日	209.90	0.300	0.300
材料	其他材料费	2999	元	—	4.740	3.810
仪器仪表	便携式计算机	4311	台班	18.000	0.100	0.100
	数字多用表	4045	台班	3.600	0.050	0.050
	打印机	4270	台班	23.320	0.100	—

第二节　楼宇自控系统

一、中央管理系统

工作内容：系统界面编制。　　　　计量单位：系统

定额编号					07004001	07004002	07004003
项目名称					界面编制		
					≤ 500 点	≤ 1000 点	≤ 2000 点
预算基价					6789.68	15804.37	36029.14
其中	人工费（元）				6297.00	14693.00	33584.00
	材料费（元）				16.08	32.17	52.74
	机械费（元）				—	—	—
	仪器仪表费（元）				476.60	1079.20	2392.40
	名称	代号	单位	单价（元）	数量		
人工	调试工	1003	工日	209.90	30.000	70.000	160.000
材料	打印纸 132 行（381-1）	216009	包	25.060	0.400	0.800	1.500
	其他材料费	2999	元	—	6.060	12.120	15.150
仪器仪表	便携式计算机	4311	台班	18.000	20.000	47.000	107.000
	打印机	4270	台班	23.320	5.000	10.000	20.000

工作内容：系统界面编制。　　　　计量单位：系统

定额编号					07004004	07004005	07004006
项目名称					界面编制		
					≤ 3500 点	≤ 5000 点	＞ 5000 点，每增加 500 点
预算基价					78798.63	168392.00	22610.35
其中	人工费（元）				73465.00	157425.00	20990.00
	材料费（元）				80.83	101.40	10.55
	机械费（元）				—	—	—
	仪器仪表费（元）				5252.80	10865.60	1609.80
	名称	代号	单位	单价（元）	数量		
人工	调试工	1003	工日	209.90	350.000	750.000	100.000
材料	打印纸 132 行（381-1）	216009	包	25.060	2.500	3.200	0.300
	其他材料费	2999	元	—	18.180	21.210	3.030
仪器仪表	便携式计算机	4311	台班	18.000	240.000	500.000	70.000
	打印机	4270	台班	23.320	40.000	80.000	15.000

二、通信网络控制设备

工作内容：设备开箱检验、就位安装、连接、软件功能检测、单体测试。

定额编号					07005001	07005002	07005003	07005004
项目名称					终端电阻	干线连接器	干线隔离/扩充器	通信接口卡
					个	台	台	台
预算基价					15.63	80.85	89.48	93.79
其中	人工费（元）				14.58	72.90	87.48	87.48
	材料费（元）				0.91	7.77	1.82	0.91
	机械费（元）				—	—	—	—
	仪器仪表费（元）				0.14	0.18	0.18	5.40
	名称	代号	单位	单价（元）	数量			
人工	安装工	1002	工日	145.80	0.100	0.500	0.600	0.600
材料	其他材料费	2999	元	—	0.910	7.770	1.820	0.910
仪器仪表	便携式计算机	4311	台班	18.000	—	—	—	0.300
	数字多用表	4045	台班	3.600	0.040	0.050	0.050	—

三、控　制　器

工作内容：设备开箱检验、固定安装、连接接线。　　　　计量单位：台

定额编号					07006001	07006002	07006003	07006004
项目名称					控制器（DDC）安装及接线			
					≤ 24 点	≤ 40 点	≤ 60 点	> 60 点，每增加 20 点
预算基价					204.99	259.10	343.89	158.66
其中	人工费（元）				174.96	218.70	291.60	145.80
	材料费（元）				25.66	34.54	44.84	11.40
	机械费（元）				2.48	3.10	3.10	—
	仪器仪表费（元）				1.89	2.76	4.35	1.46
	名称	代号	单位	单价（元）	数量			
人工	安装工	1002	工日	145.80	1.200	1.500	2.000	1.000
材料	其他材料费	2999	元	—	25.660	34.540	44.840	11.400
机械	手动液压叉车	3065	台班	12.400	0.200	0.250	0.250	—
仪器仪表	对讲机	4164	台班	1.500	0.300	0.400	0.500	0.250
	数字多用表	4045	台班	3.600	0.400	0.600	1.000	0.300

工作内容：软件功能检测、单体调试。　　　　计量单位：台

定额编号					07006005	07006006	07006007	07006008
项目名称					控制器（DDC）用户软件功能检测调试			
					≤ 24 点	≤ 40 点	≤ 60 点	> 60 点，每增加 20 点
预算基价					1342.50	1801.60	2260.70	1120.30
其中	人工费（元）				1259.40	1679.20	2099.00	1049.50
	材料费（元）				3.00	3.00	3.00	1.20
	机械费（元）				—	—	—	—
	仪器仪表费（元）				80.10	119.40	158.70	69.60
名称		代号	单位	单价（元）	数量			
人工	调试工	1003	工日	209.90	6.000	8.000	10.000	5.000
材料	其他材料费	2999	元	—	3.000	3.000	3.000	1.200
仪器仪表	对讲机	4164	台班	1.500	3.000	4.000	5.000	2.000
	数字多用表	4045	台班	3.600	1.000	1.500	2.000	1.000
	便携式计算机	4311	台班	18.000	4.000	6.000	8.000	3.500

工作内容：设备开箱检验、固定安装、连接、软件功能检测、单体调试。　　　　计量单位：台

定额编号					07006009	07006010
项目名称					远端模块	
					≤ 12 点	≤ 24 点
预算基价					635.12	953.74
其中	人工费（元）				583.20	874.80
	材料费（元）				9.32	15.04
	机械费（元）				—	—
	仪器仪表费（元）				42.60	63.90
名称		代号	单位	单价（元）	数量	
人工	安装工	1002	工日	145.80	4.000	6.000
材料	其他材料费	2999	元	—	9.320	15.040
仪器仪表	对讲机	4164	台班	1.500	2.000	3.000
	数字多用表	4045	台班	3.600	1.000	1.500
	便携式计算机	4311	台班	18.000	2.000	3.000

工作内容：设备开箱检验、固定安装、连接、通电测试。　　计量单位：台

定额编号					07006011	07006012	07006013	07006014
项目名称					定风量控制器	压差控制器	温度控制器	变风量控制器
预算基价					191.63	159.43	75.13	146.88
其中	人工费（元）				145.80	116.64	51.03	116.64
	材料费（元）				25.31	23.17	13.87	16.02
	机械费（元）				—	—	—	—
	仪器仪表费（元）				20.52	19.62	10.23	14.22
名称		代号	单位	单价（元）	数量			
人工	安装工	1002	工日	145.80	1.000	0.800	0.350	0.800
材料	其他材料费	2999	元	—	25.310	23.170	13.870	16.020
仪器仪表	数字多用表	4045	台班	3.600	0.200	0.200	0.050	0.200
	数字温度计	4312	台班	10.500	—	—	0.100	—
	示波器	4116	台班	90.000	0.150	0.150	0.100	0.100
	便携式计算机	4311	台班	18.000	0.350	0.300	—	0.250

工作内容：设备开箱检验、固定安装、连接、单体测试。　　计量单位：台

定额编号					07006015	07006016	07006017
项目名称					气动输出模块	风机盘管温控器	联网型风机盘管温控器
预算基价					33.15	64.55	88.38
其中	人工费（元）				29.16	51.03	72.90
	材料费（元）				3.81	3.81	5.25
	机械费（元）				—	—	—
	仪器仪表费（元）				0.18	9.71	10.23
名称		代号	单位	单价（元）	数量		
人工	安装工	1002	工日	145.80	0.200	0.350	0.500
材料	其他材料费	2999	元	—	3.810	3.810	5.250
仪器仪表	示波器	4116	台班	90.000	—	0.100	0.100
	数字温度计	4312	台班	10.500	—	0.050	0.100
	数字多用表	4045	台班	3.600	0.050	0.050	0.050

工作内容：设备开箱检验、固定安装、连接、单体测试。　　计量单位：台

定额编号				07006018	07006019	07006020
项目名称				房间空气压力控制器		手操器
				电子输出	气动输出	
预算基价				206.84	209.72	20.53
其中	人工费（元）			189.54	204.12	17.50
	材料费（元）			5.24	5.24	3.03
	机械费（元）			—	—	—
	仪器仪表费（元）			12.06	0.36	—
名称		代号	单位	单价（元）	数量	
人工	安装工	1002	工日	145.80	1.300	1.400	0.120
材料	其他材料费	2999	元	—	5.240	5.240	3.030
仪器仪表	数字多用表	4045	台班	3.600	0.100	0.100	—
	示波器	4116	台班	90.000	0.130	—	—

四、第三方通信设备接口

工作内容：设备开箱检验、固定安装、连接、通电测试。　　计量单位：个

定额编号					07007001	07007002	07007003
项目名称					电梯 / 冷水机组接口		
					≤ 20 点	≤ 50 点	> 50 点，每增加 30 点
预算基价					919.35	1392.80	469.50
其中	人工费（元）				839.60	1259.40	419.80
	材料费（元）				4.83	6.66	5.08
	机械费（元）				—	—	—
	仪器仪表费（元）				74.92	126.74	44.62
名称		代号	单位	单价（元）	数量		
人工	调试工	1003	工日	209.90	4.000	6.000	2.000
材料	其他材料费	2999	元	—	4.830	6.660	5.080
仪器仪表	便携式计算机	4311	台班	18.000	2.500	4.000	1.000
	打印机	4270	台班	23.320	1.000	2.000	1.000
	数字多用表	4045	台班	3.600	1.000	1.000	0.500
	对讲机	4164	台班	1.500	2.000	3.000	1.000

工作内容：设备开箱检验、固定安装、连接、通电测试。　　　　计量单位：个

定额编号					07007004	07007005	07007006
项目名称					智能配电设备 / 柴油发电机组接口		
					≤ 20 点	≤ 50 点	> 50 点，每增加 30 点
预算基价					916.47	1587.08	906.97
其中	人工费（元）				839.60	1259.40	839.60
	材料费（元）				4.83	6.22	5.08
	机械费（元）				—	—	—
	仪器仪表费（元）				72.04	321.46	62.29
名称		代号	单位	单价（元）	数量		
人工	调试工	1003	工日	209.90	4.000	6.000	4.000
材料	其他材料费	2999	元	—	4.830	6.220	5.080
仪器仪表	对讲机	4164	台班	1.500	2.000	3.000	1.500
	打印机	4270	台班	23.320	1.000	10.350	1.000
	便携式计算机	4311	台班	18.000	2.500	4.000	2.000
	数字多用表	4045	台班	3.600	0.200	1.000	0.200

工作内容：设备开箱检验、固定安装、连接、通电测试。　　　　计量单位：个

定额编号					07007007	07007008	07007009
项目名称					VRV 接口	变频器接口	集成系统接口
预算基价					1347.53	1347.91	6872.08
其中	人工费（元）				1259.40	1259.40	6297.00
	材料费（元）				4.21	4.59	0.98
	机械费（元）				—	—	—
	仪器仪表费（元）				83.92	83.92	574.10
名称		代号	单位	单价（元）	数量		
人工	调试工	1003	工日	209.90	6.000	6.000	30.000
材料	其他材料费	2999	元	—	4.210	4.590	0.980
仪器仪表	数字多用表	4045	台班	3.600	1.000	1.000	—
	对讲机	4164	台班	1.500	2.000	2.000	5.000
	打印机	4270	台班	23.320	1.000	1.000	5.000
	便携式计算机	4311	台班	18.000	3.000	3.000	25.000

五、温、湿度传感器

工作内容：设备开箱检验、固定安装、连接、单体测试。 计量单位：支

定额编号					07008001	07008002	07008003	07008004	07008005
项目名称					风管式温度传感器	风管式湿度传感器	风管式温度湿度传感器	室内壁挂式温度传感器	室内壁挂式湿度传感器
预算基价					74.39	74.39	89.09	64.73	64.73
其中	人工费（元）				65.61	65.61	80.19	58.32	58.32
	材料费（元）				7.97	7.97	8.09	5.60	5.60
	机械费（元）				—	—	—	—	—
	仪器仪表费（元）				0.81	0.81	0.81	0.81	0.81
	名称	代号	单位	单价（元）	数量				
人工	安装工	1002	工日	145.80	0.450	0.450	0.550	0.400	0.400
材料	其他材料费	2999	元	—	7.970	7.970	8.090	5.600	5.600
仪器仪表	数字多用表	4045	台班	3.600	0.050	0.050	0.050	0.050	0.050
	数字温度计	4312	台班	10.500	0.060	0.060	0.060	0.060	0.060

工作内容：设备开箱检验、固定安装、连接、单体测试。 计量单位：支

定额编号					07008006	07008007	07008008	07008009
项目名称					室内壁挂式温度湿度传感器	室外壁挂式温度传感器	室外壁挂式湿度传感器	室外壁挂式温度湿度传感器
预算基价					90.37	153.85	153.96	175.05
其中	人工费（元）				83.96	146.93	146.93	167.92
	材料费（元）				5.60	6.32	6.32	6.32
	机械费（元）				—	—	—	—
	仪器仪表费（元）				0.81	0.60	0.71	0.81
	名称	代号	单位	单价（元）	数量			
人工	调试工	1003	工日	209.90	0.400	0.700	0.700	0.800
材料	外罩	218113	个	—	—	（1.000）	（1.000）	（1.000）
	其他材料费	2999	元	—	5.600	6.320	6.320	6.320
仪器仪表	数字多用表	4045	台班	3.600	0.050	0.050	0.050	0.050
	数字温度计	4312	台班	10.500	0.060	0.040	0.050	0.060

工作内容：设备开箱检验、固定安装、连接、单体测试。　　计量单位：支

定额编号					07008010	07008011
项目名称					接触式温度传感器	无线温湿度传感器
预算基价					20.38	21.00
其中	人工费（元）				14.58	14.58
	材料费（元）				4.99	5.71
	机械费（元）				—	—
	仪器仪表费（元）				0.81	0.71
	名称	代号	单位	单价（元）	数量	
人工	安装工	1002	工日	145.80	0.100	0.100
材料	外罩	218113	个	—	—	（1.000）
	其他材料费	2999	元	—	4.990	5.710
仪器仪表	数字多用表	4045	台班	3.600	0.050	0.050
	数字温度计	4312	台班	10.500	0.060	0.050

工作内容：设备开箱检验、固定安装、连接、单体测试。　　计量单位：支

定额编号					07008012	07008013	07008014
项目名称					侵入式温度传感器		
					普通型	本安型	隔爆型
预算基价					85.12	114.28	128.86
其中	人工费（元）				72.90	102.06	116.64
	材料费（元）				11.51	11.51	11.51
	机械费（元）				—	—	—
	仪器仪表费（元）				0.71	0.71	0.71
	名称	代号	单位	单价（元）	数量		
人工	安装工	1002	工日	145.80	0.500	0.700	0.800
材料	其他材料费	2999	元	—	11.510	11.510	11.510
仪器仪表	数字多用表	4045	台班	3.600	0.050	0.050	0.050
	数字温度计	4312	台班	10.500	0.050	0.050	0.050

六、压力传感器

工作内容：设备开箱检验、固定安装、连接、单体测试。　　计量单位：支

定额编号					07009001	07009002	07009003
项目名称					水道压力传感器	水道压差传感器	液体流量开关
预算基价					191.50	315.06	215.29
其中	人工费（元）				131.22	240.57	131.22
	材料费（元）				31.51	31.65	41.68
	机械费（元）				28.14	42.21	42.21
	仪器仪表费（元）				0.63	0.63	0.18
名称		代号	单位	单价（元）	数量		
人工	安装工	1002	工日	145.80	0.900	1.650	0.900
材料	其他材料费	2999	元	—	31.510	31.650	41.680
机械	交流弧焊机≤32kV·A	3100	台班	140.710	0.200	0.300	0.300
仪器仪表	数字多用表	4045	台班	3.600	0.050	0.050	0.050
	精密压力表	4320	台班	7.500	0.060	0.060	—

工作内容：设备开箱检验、固定安装、连接、单体测试。　　计量单位：支

定额编号					07009004	07009005	07009006
项目名称					空气压差开关	静压压差变送器	风管式静压变送器
预算基价					81.07	81.07	81.07
其中	人工费（元）				72.90	72.90	72.90
	材料费（元）				7.61	7.61	7.61
	机械费（元）				—	—	—
	仪器仪表费（元）				0.56	0.56	0.56
名称		代号	单位	单价（元）	数量		
人工	安装工	1002	工日	145.80	0.500	0.500	0.500
材料	其他材料费	2999	元	—	7.610	7.610	7.610
仪器仪表	数字多用表	4045	台班	3.600	0.050	0.050	0.050
	精密压力表	4320	台班	7.500	0.050	0.050	0.050

七、电量变送器

工作内容：设备开箱检验、固定安装、连接、单体测试。 计量单位：支

定额编号					07010001	07010002	07010003
项目名称					电流变送器	电压变送器	有功功率变送器
预算基价					151.02	151.02	121.75
其中	人工费（元）				145.80	145.80	116.64
	材料费（元）				5.04	5.04	5.04
	机械费（元）				—	—	—
	仪器仪表费（元）				0.18	0.18	0.07
	名称	代号	单位	单价（元）	数量		
人工	安装工	1002	工日	145.80	1.000	1.000	0.800
材料	其他材料费	2999	元	—	5.040	5.040	5.040
仪器仪表	数字多用表	4045	台班	3.600	0.050	0.050	0.020

工作内容：设备开箱检验、固定安装、连接、单体测试。 计量单位：支

定额编号					07010004	07010005	07010006
项目名称					无功功率变送器	有功、无功变送器	功率因数变送器
预算基价					121.75	136.37	121.75
其中	人工费（元）				116.64	131.22	116.64
	材料费（元）				5.04	5.04	5.04
	机械费（元）				—	—	—
	仪器仪表费（元）				0.07	0.11	0.07
	名称	代号	单位	单价（元）	数量		
人工	安装工	1002	工日	145.80	0.800	0.900	0.800
材料	其他材料费	2999	元	—	5.040	5.040	5.040
仪器仪表	数字多用表	4045	台班	3.600	0.020	0.030	0.020

工作内容：设备开箱检验、固定安装、连接、单体测试。　　计量单位：支

定额编号					07010007	07010008	07010009	07010010	07010011
项目名称					相位角变送器	有功电镀变送器	无功电镀变送器	频率变送器	电压 / 频率变送器
预算基价					121.86	121.86	121.75	121.75	136.37
其中	人工费（元）				116.64	116.64	116.64	116.64	131.22
	材料费（元）				5.04	5.04	5.04	5.04	5.04
	机械费（元）				—	—	—	—	—
	仪器仪表费（元）				0.18	0.18	0.07	0.07	0.11
	名称	代号	单位	单价（元）	数量				
人工	安装工	1002	工日	145.80	0.800	0.800	0.800	0.800	0.900
材料	其他材料费	2999	元	—	5.040	5.040	5.040	5.040	5.040
仪器仪表	数字多用表	4045	台班	3.600	0.050	0.050	0.020	0.020	0.030

八、其他传感器及变送器

工作内容：设备开箱检验、固定安装、连接、单体测试。　　计量单位：支

定额编号					07011001	07011002	07011003	07011004
项目名称					风道式空气质量传感器	室内壁挂式空气质量传感器	风道式烟感探测器	风道式气体探测器
预算基价					78.85	64.28	78.85	78.85
其中	人工费（元）				72.90	58.32	72.90	72.90
	材料费（元）				5.77	5.60	5.77	5.77
	机械费（元）				—	—	—	—
	仪器仪表费（元）				0.18	0.36	0.18	0.18
	名称	代号	单位	单价（元）	数量			
人工	安装工	1002	工日	145.80	0.500	0.400	0.500	0.500
材料	其他材料费	2999	元	—	5.770	5.600	5.770	5.770
仪器仪表	数字多用表	4045	台班	3.600	0.050	0.100	0.050	0.050

工作内容：开箱、检验、开孔、划线、固定安装、接线、密封、测试。　　计量单位：支

定额编号					07011005	07011006	07011007	07011008
项目名称					室内壁挂式空气传感器	防霜冻开关	风速传感器	液位开关
预算基价					64.06	151.54	65.06	65.06
其中	人工费（元）				58.32	145.80	58.32	58.32
	材料费（元）				5.60	5.60	6.60	6.60
	机械费（元）				—	—	—	—
	仪器仪表费（元）				0.14	0.14	0.14	0.14
名称		代号	单位	单价（元）	数量			
人工	安装工	1002	工日	145.80	0.400	1.000	0.400	0.400
材料	其他材料费	2999	元	—	5.600	5.600	6.600	6.600
仪器仪表	数字多用表	4045	台班	3.600	0.040	0.040	0.040	0.040

工作内容：设备开箱检验、固定安装、连接、单体测试。　　计量单位：套

定额编号					07011009	07011010	07011011
项目名称					静压液位变送器		
					普通型	本安型	隔爆型
预算基价					137.25	144.54	144.54
其中	人工费（元）				109.35	116.64	116.64
	材料费（元）				27.72	27.72	27.72
	机械费（元）				—	—	—
	仪器仪表费（元）				0.18	0.18	0.18
名称		代号	单位	单价（元）	数量		
人工	安装工	1002	工日	145.80	0.750	0.800	0.800
材料	其他材料费	2999	元	—	27.720	27.720	27.720
仪器仪表	数字多用表	4045	台班	3.600	0.050	0.050	0.050

工作内容：设备开箱检验、固定安装、连接、单体测试。

计量单位：套

定额编号					07011012	07011013	07011014
项目名称					液位计		
					普通型	本安型	隔爆型
预算基价					137.25	144.54	144.54
其中	人工费（元）				109.35	116.64	116.64
	材料费（元）				27.72	27.72	27.72
	机械费（元）				—	—	—
	仪器仪表费（元）				0.18	0.18	0.18
名称		代号	单位	单价（元）	数量		
人工	安装工	1002	工日	145.80	0.750	0.800	0.800
材料	其他材料费	2999	元	—	27.720	27.720	27.720
仪器仪表	数字多用表	4045	台班	3.600	0.050	0.050	0.050

工作内容：设备开箱检验、固定安装、连接、单体测试。

计量单位：台

定额编号					07011015	07011016	07011017
项目名称					电磁流量计	涡街流量计	超声波流量计
预算基价					335.28	342.57	364.44
其中	人工费（元）				262.44	269.73	291.60
	材料费（元）				4.98	4.98	4.98
	机械费（元）				—	—	—
	仪器仪表费（元）				67.86	67.86	67.86
名称		代号	单位	单价（元）	数量		
人工	安装工	1002	工日	145.80	1.800	1.850	2.000
材料	其他材料费	2999	元	—	4.980	4.980	4.980
仪器仪表	数字多用表	4045	台班	3.600	0.100	0.100	0.100
	超声波流量计	4321	台班	135.000	0.500	0.500	0.500

工作内容：设备开箱检验、固定安装、连接、单体测试。 计量单位：台

定额编号					07011018	07011019	07011020
项目名称					弯管流量计	转子流量计	光照度传感计
预算基价					364.44	364.44	223.53
其中	人工费（元）				291.60	291.60	218.70
	材料费（元）				4.98	4.98	4.47
	机械费（元）				—	—	—
	仪器仪表费（元）				67.86	67.86	0.36
	名称	代号	单位	单价（元）	数量		
人工	安装工	1002	工日	145.80	2.000	2.000	1.500
材料	其他材料费	2999	元	—	4.980	4.980	4.470
仪器仪表	数字多用表	4045	台班	3.600	0.100	0.100	0.100
	超声波流量计	4321	台班	135.000	0.500	0.500	—

九、阀门及电动执行机构

工作内容：开箱、检查、法兰焊接、制垫、固定安装、接线、水压试验、测试。 计量单位：个

定额编号					07012001	07012002	07012003
项目名称					电动二通调节阀及执行机构		
					≤ *DN*50	≤ *DN*100	≤ *DN*200
预算基价					277.19	631.45	2762.37
其中	人工费（元）				211.41	532.17	707.13
	材料费（元）				34.98	54.41	9.20
	机械费（元）				30.62	44.69	2045.86
	仪器仪表费（元）				0.18	0.18	0.18
	名称	代号	单位	单价（元）	数量		
人工	安装工	1002	工日	145.80	1.450	3.650	4.850
材料	碳钢法兰 0.6MPa *DN*200	212770	片	—	—	—	（2.020）
	碳钢法兰 0.6MPa *DN*100	212771	片	—	—	（2.020）	—
	碳钢法兰 0.6MPa *DN*50	212772	片	—	（2.020）	—	—
	电焊条 综合	207290	kg	6.000	0.700	1.200	1.500
	其他材料费	2999	元	—	30.780	47.210	0.200
机械	平台升降机 22m	3125	台班	714.410	—	—	2.500
	交流弧焊机 ≤ 32kV•A	3100	台班	140.710	0.200	0.300	0.300
	手动液压叉车	3065	台班	12.400	0.200	0.200	0.200
仪器仪表	数字多用表	4045	台班	3.600	0.050	0.050	0.050

工作内容：开箱、检查、法兰焊接、制垫、固定安装、接线、水压试验、测试。 计量单位：个

定额编号				07012004	07012005	07012006
项目名称				电动三通调节阀及执行机构		
				≤ *DN*50	≤ *DN*100	≤ *DN*200
预算基价				320.73	698.08	2780.15
其中	人工费（元）			240.57	575.91	765.45
	材料费（元）			49.36	77.30	87.16
	机械费（元）			30.62	44.69	1927.36
	仪器仪表费（元）			0.18	0.18	0.18
名称	代号	单位	单价（元）	数量		
人工 安装工	1002	工日	145.80	1.650	3.950	5.250
材料 碳钢法兰 0.6MPa *DN*200	212770	片	—	—	—	（3.030）
碳钢法兰 0.6MPa *DN*100	212771	片	—	—	（3.030）	—
碳钢法兰 0.6MPa *DN*50	212772	片	—	（3.030）	—	—
电焊条 综合	207290	kg	6.000	1.050	1.800	2.250
其他材料费	2999	元	—	43.060	66.500	73.660
机械 平台升降机 22m	3125	台班	714.410	—	—	2.500
液压升降机	3059	台班	33.030	—	—	2.500
手动液压叉车	3065	台班	12.400	0.200	0.200	0.200
交流弧焊机 ≤ 32kV · A	3100	台班	140.710	0.200	0.300	0.400
仪器仪表 数字多用表	4045	台班	3.600	0.050	0.050	0.050

工作内容：开箱、检查、法兰焊接、制垫、固定安装、接线、水压试验、测试。 计量单位：个

定额编号				07012007	07012008	07012009
项目名称				电动蝶阀及执行机构		
				≤ *DN*100	≤ *DN*250	≤ *DN*400
预算基价				596.30	2839.69	3540.89
其中	人工费（元）			510.30	918.54	1166.40
	材料费（元）			40.95	75.38	87.71
	机械费（元）			44.69	1845.41	2286.42
	仪器仪表费（元）			0.36	0.36	0.36
名称	代号	单位	单价（元）	数量		
人工 安装工	1002	工日	145.80	3.500	6.300	8.000
材料 碳钢法兰 0.6MPa *DN*400	212773	片	—	—	—	（2.020）
碳钢法兰 0.6MPa *DN*250	212774	片	—	—	（2.020）	—
碳钢法兰 0.6MPa *DN*100	212771	片	—	（2.020）	—	—
电焊条 综合	207290	kg	6.000	1.200	1.500	2.500
其他材料费	2999	元	—	33.750	66.380	72.710
机械 平台升降机 22m	3125	台班	714.410	—	2.500	3.000
交流弧焊机 ≤ 32kV · A	3100	台班	140.710	0.300	0.400	1.000
手动液压叉车	3065	台班	12.400	0.200	0.250	0.200
仪器仪表 数字多用表	4045	台班	3.600	0.100	0.100	0.100

工作内容：开箱、检查、法兰焊接、制垫、固定安装、接线、水压试验、测试。　　计量单位：个

定额编号					07012010	07012011	07012012
项目名称					电动风阀执行机构	两通电动阀	
						DN20	DN25
预算基价					224.61	79.00	108.53
其中	人工费（元）				218.70	65.61	87.48
	材料费（元）				5.55	13.21	20.87
	机械费（元）				—	—	—
	仪器仪表费（元）				0.36	0.18	0.18
	名称	代号	单位	单价（元）	数量		
人工	安装工	1002	工日	145.80	1.500	0.450	0.600
材料	其他材料费	2999	元	—	5.550	13.210	20.870
仪器仪表	数字多用表	4045	台班	3.600	0.100	0.050	0.050

工作内容：检查、接线、连接、绝缘测试。　　计量单位：个

定额编号					07012013	07012014	07012015	07012016	07012017
项目名称					水泵、风机启动柜楼控接点接线				变压器温度接线
					≤5点	≤10点	≤20点	≤35点	
预算基价					80.09	155.94	306.84	461.56	21.67
其中	人工费（元）				72.90	145.80	291.60	437.40	17.50
	材料费（元）				6.17	8.10	11.16	16.96	3.81
	机械费（元）				—	—	—	—	—
	仪器仪表费（元）				1.02	2.04	4.08	7.20	0.36
	名称	代号	单位	单价（元）	数量				
人工	安装工	1002	工日	145.80	0.500	1.000	2.000	3.000	0.120
材料	其他材料费	2999	元	—	6.170	8.100	11.160	16.960	3.810
仪器仪表	对讲机	4164	台班	1.500	0.200	0.400	0.800	1.200	—
	数字多用表	4045	台班	3.600	0.200	0.400	0.800	1.500	0.100

十、系统调试

工作内容：分系统调试、现场测量、记录、对比、调整。　　计量单位：系统

定额编号					07013001	07013002	07013003
项目名称					暖通空调监控分系统调试		
					≤ 100 点	≤ 200 点	> 200 点，每增加 50 点以内
预算基价					2541.53	5572.62	2007.11
其中	人工费（元）				2099.00	4617.80	1679.20
	材料费（元）				14.63	28.00	3.95
	机械费（元）				—	—	—
	仪器仪表费（元）				427.90	926.82	323.96
名称		代号	单位	单价（元）	数量		
人工	调试工	1003	工日	209.90	10.000	22.000	8.000
材料	棉丝	218036	kg	5.500	2.000	4.000	0.500
	打印纸 132 行（381-1）	216009	包	25.060	0.100	0.150	0.020
	其他材料费	2999	元	—	1.120	2.240	0.700
仪器仪表	过程仪表	4375	台班	25.250	2.000	4.000	1.600
	数字温度计	4312	台班	10.500	1.000	2.000	0.800
	CO、CO_2 测试仪	4376	台班	89.570	1.000	2.000	0.800
	风速、温度、湿度、风量测试仪	4309	台班	14.400	1.000	2.000	0.800
	数字压差计	4377	台班	9.290	1.000	2.000	0.800
	数字多用表	4045	台班	3.600	5.000	12.000	4.000
	打印机	4270	台班	23.320	2.000	5.000	0.800
	便携式计算机	4311	台班	18.000	5.000	12.000	4.000
	示波器	4116	台班	90.000	1.000	2.000	0.800
	对讲机	4164	台班	1.500	6.000	15.000	5.000

工作内容：分系统调试、现场测量、记录、对比、调整。 计量单位：系统

定额编号				07013004	07013005	07013006
项目名称				给排水监控分系统调试		
				≤ 50 点	≤ 100 点	> 100 点，每增加 20 点以内
预算基价				1338.67	3307.51	663.35
其中	人工费（元）			1259.40	3148.50	629.70
	材料费（元）			8.25	16.97	2.80
	机械费（元）			—	—	—
	仪器仪表费（元）			71.02	142.04	30.85
名称		代号	单位	单价（元）	数量		
人工	调试工	1003	工日	209.90	6.000	15.000	3.000
材料	棉丝	218036	kg	5.500	1.000	2.000	0.300
	打印纸 132 行（381-1）	216009	包	25.060	0.050	0.120	0.030
	其他材料费	2999	元	—	1.500	2.960	0.400
仪器仪表	便携式计算机	4311	台班	18.000	2.000	4.000	1.000
	对讲机	4164	台班	1.500	3.000	6.000	1.500
	打印机	4270	台班	23.320	1.000	2.000	0.300
	数字多用表	4045	台班	3.600	2.000	4.000	1.000

工作内容：分系统调试、现场测量、记录、对比、调整。 计量单位：系统

定额编号				07013007	07013008	07013009
项目名称				公共照明监控分系统调试		
				≤ 100 点	≤ 200 点	> 200 点，每增加 50 点以内
预算基价				2277.27	5044.10	1795.71
其中	人工费（元）			2099.00	4617.80	1679.20
	材料费（元）			14.63	28.00	3.95
	机械费（元）			—	—	—
	仪器仪表费（元）			163.64	398.30	112.56
名称		代号	单位	单价（元）	数量		
人工	调试工	1003	工日	209.90	10.000	22.000	8.000
材料	棉丝	218036	kg	5.500	2.000	4.000	0.500
	打印纸 132 行（381-1）	216009	包	25.060	0.100	0.150	0.020
	其他材料费	2999	元	—	1.120	2.240	0.700
仪器仪表	便携式计算机	4311	台班	18.000	5.000	12.000	4.000
	对讲机	4164	台班	1.500	6.000	15.000	5.000
	打印机	4270	台班	23.320	2.000	5.000	0.800
	数字多用表	4045	台班	3.600	5.000	12.000	4.000

工作内容：分系统调试、现场测量、记录、对比、调整。 计量单位：系统

定额编号				07013010	07013011	07013012
项目名称				给排水监控分系统调试		
				≤ 50 点	≤ 100 点	> 100 点，每增加20 点以内
预算基价				1338.67	3307.51	663.35
其中	人工费（元）			1259.40	3148.50	629.70
	材料费（元）			8.25	16.97	2.80
	机械费（元）			—	—	—
	仪器仪表费（元）			71.02	142.04	30.85
名称	代号	单位	单价（元）	数量		
人工 调试工	1003	工日	209.90	6.000	15.000	3.000
材料 棉丝	218036	kg	5.500	1.000	2.000	0.300
打印纸 132 行（381–1）	216009	包	25.060	0.050	0.120	0.030
其他材料费	2999	元	—	1.500	2.960	0.400
仪器仪表 便携式计算机	4311	台班	18.000	2.000	4.000	1.000
对讲机	4164	台班	1.500	3.000	6.000	1.500
打印机	4270	台班	23.320	1.000	2.000	0.300
数字多用表	4045	台班	3.600	2.000	4.000	1.000

工作内容：分系统调试、现场测量、记录、对比、调整。 计量单位：系统

定额编号				07013013	07013014	07013015
项目名称				能耗监测分系统调试		
				≤ 100 点	≤ 200 点	> 200 点，每增加50 点以内
预算基价				2277.27	5098.10	1813.71
其中	人工费（元）			2099.00	4617.80	1679.20
	材料费（元）			14.63	28.00	3.95
	机械费（元）			—	—	—
	仪器仪表费（元）			163.64	452.30	130.56
名称	代号	单位	单价（元）	数量		
人工 调试工	1003	工日	209.90	10.000	22.000	8.000
材料 棉丝	218036	kg	5.500	2.000	4.000	0.500
打印纸 132 行（381–1）	216009	包	25.060	0.100	0.150	0.020
其他材料费	2999	元	—	1.120	2.240	0.700
仪器仪表 便携式计算机	4311	台班	18.000	5.000	15.000	5.000
对讲机	4164	台班	1.500	6.000	15.000	5.000
打印机	4270	台班	23.320	2.000	5.000	0.800
数字多用表	4045	台班	3.600	5.000	12.000	4.000

工作内容：分系统调试、现场测量、记录、对比、调整。　　计量单位：系统

定额编号					07013016	07013017	07013018
项目名称					电梯和自动扶梯监测分系统调试		
					≤ 50 点	≤ 100 点	> 100 点，每增加20点以内
预算基价					1338.67	3307.51	663.35
其中	人工费（元）				1259.40	3148.50	629.70
	材料费（元）				8.25	16.97	2.80
	机械费（元）				—	—	—
	仪器仪表费（元）				71.02	142.04	30.85
名称		代号	单位	单价（元）	数量		
人工	调试工	1003	工日	209.90	6.000	15.000	3.000
材料	棉丝	218036	kg	5.500	1.000	2.000	0.300
	打印纸132行（381–1）	216009	包	25.060	0.050	0.120	0.030
	其他材料费	2999	元	—	1.500	2.960	0.400
仪器仪表	便携式计算机	4311	台班	18.000	2.000	4.000	1.000
	对讲机	4164	台班	1.500	3.000	6.000	1.500
	打印机	4270	台班	23.320	1.000	2.000	0.300
	数字多用表	4045	台班	3.600	2.000	4.000	1.000

工作内容：系统调试、现场测量、记录、对比、调整。　　计量单位：系统

定额编号					07013019	07013020	07013021
项目名称					系统调试		
					≤ 500 点	≤ 1000 点	≤ 2000 点
预算基价					6919.30	16067.12	36913.76
其中	人工费（元）				6297.00	14693.00	33584.00
	材料费（元）				18.05	36.10	85.71
	机械费（元）				—	—	—
	仪器仪表费（元）				604.25	1338.02	3244.05
名称		代号	单位	单价（元）	数量		
人工	调试工	1003	工日	209.90	30.000	70.000	160.000
材料	棉丝	218036	kg	5.500	2.000	4.000	10.000
	打印纸132行（381–1）	216009	包	25.060	0.100	0.200	0.500
	其他材料费	2999	元	—	4.540	9.090	18.180
仪器仪表	过程仪表	4375	台班	25.250	1.000	2.000	5.000
	数字温度计	4312	台班	10.500	1.000	2.000	5.000
	CO、CO_2测试仪	4376	台班	89.570	1.000	2.000	5.000
	风速、温度、湿度、风量测试仪	4309	台班	14.400	1.000	2.000	5.000
	数字压差计	4377	台班	9.290	1.000	2.000	5.000
	数字多用表	4045	台班	3.600	6.000	14.000	32.000
	打印机	4270	台班	23.320	2.000	5.000	15.000
	便携式计算机	4311	台班	18.000	15.000	35.000	80.000
	示波器	4116	台班	90.000	1.000	2.000	5.000
	对讲机	4164	台班	1.500	18.000	42.000	96.000

工作内容：系统调试、现场测量、记录、对比、调整。 计量单位：系统

定额编号					07013022	07013023	07013024
项目名称					系统调试		
					≤ 3500 点	≤ 5000 点	> 5000 点，每增加 500 点
预算基价					80716.35	172447.38	22576.24
其中	人工费（元）				73465.00	157425.00	20990.00
	材料费（元）				211.45	375.58	23.06
	机械费（元）				—	—	—
	仪器仪表费（元）				7039.90	14646.80	1563.18
名称		代号	单位	单价（元）	数量		
人工	调试工	1003	工日	209.90	350.000	750.000	100.000
材料	棉丝	218036	kg	5.500	25.000	50.000	2.000
	打印纸 132 行（381-1）	216009	包	25.060	1.500	2.200	0.300
	其他材料费	2999	元	—	36.360	45.450	4.540
仪器仪表	过程仪表	4375	台班	25.250	10.000	20.000	2.000
	数字温度计	4312	台班	10.500	10.000	20.000	2.000
	CO、CO_2 测试仪	4376	台班	89.570	10.000	20.000	2.000
	风速、温度、湿度、风量测试仪	4309	台班	14.400	10.000	20.000	2.000
	数字压差计	4377	台班	9.290	10.000	20.000	2.000
	数字多用表	4045	台班	3.600	70.000	160.000	7.000
	打印机	4270	台班	23.320	40.000	80.000	3.000
	便携式计算机	4311	台班	18.000	175.000	375.000	50.000
	示波器	4116	台班	90.000	10.000	20.000	2.000
	对讲机	4164	台班	1.500	210.000	450.000	60.000

十一、系统试运行

工作内容：系统试运行。按照系统 120h 连续不间断运行计算。 计量单位：系统

定额编号					07014001	07014002
项目名称					系统试运行	
					≤ 500 点	> 500 点，每增加 500 点
预算基价					10270.12	6472.02
其中	人工费（元）				9445.50	6297.00
	材料费（元）				75.02	59.52
	机械费（元）				—	—
	仪器仪表费（元）				749.60	115.50
名称		代号	单位	单价（元）	数量	
人工	调试工	1003	工日	209.90	45.000	30.000
材料	棉丝	218036	kg	5.500	10.000	8.000
	打印纸 132 行（381-1）	216009	包	25.060	0.400	0.300
	其他材料费	2999	元	—	10.000	8.000
仪器仪表	对讲机	4164	台班	1.500	15.000	5.000
	示波器	4116	台班	90.000	5.000	—
	数字温度计	4312	台班	10.500	5.000	—
	打印机	4270	台班	23.320	5.000	—
	数字多用表	4045	台班	3.600	5.000	5.000
	便携式计算机	4311	台班	18.000	5.000	5.000

主 编 单 位：工业和信息化部电子工业标准化研究院

参 编 单 位：中国电子科技集团公司第十五研究所
太极计算机股份有限公司
中国电子科技集团公司第五十四研究所
信息产业电子第十一设计研究院科技工程股份有限公司
北京中电兴发科技有限公司
广州杰赛科技股份有限公司
公安部第一研究所
同方股份有限公司
天津海泰数码科技有限公司
北京中宏安科技发展有限公司

主要编制人员：薛长立 戴永生 马宏浩 魏 梅 李加洪 沈恂达 段文凯 吴悦明
赵凤泉 冯琰婷 陶 渊 张厚亮 贾冬艳 周俊瑒 刘云婷 王汝智
成 杰 孟 涛 陈 澍 王 辉 叶 薇 瞿洪桂 夏双兵 陈 冬

审 查 专 家：王元光 王海宏 白洁如 王中和 吴佐民 刘 智 刘宝利 董士波
黄琦玲 罗廷菊 佟一文 魏晓东 朱承海 赵 珍 常海霞 孙 雷
贾致杰 黄守峰